高质量用户体验
恰到好处的设计与敏捷UX实践

[美] 雷克斯·哈特森 (Rex Hartson)
帕尔达·派拉 (Pardha Pyla) —著 周子衿—译

清华大学出版社
北 京

内 容 简 介

本书兼顾深度和广度，涵盖了用户体验过程所涉及的知识体系及其应用范围（比如过程、设计架构、术语与设计准则），通过 7 部分 33 章，展现了用户体验领域的全景，旨在帮助读者学会识别、理解和设计出高水平的用户体验。本书强调设计，注重实用性，以丰富的案例全面深入地介绍了 UX 实践过程。

本书广泛适用于 UX 从业人员：UX 设计师、内容策略师、信息架构师、平面设计师、Web 设计师、可用性工程师、移动设备应用设计师、可用性分析师、人因工程师、认知心理学家、COSMIC 心理学家、培训师、技术作家、文档专家、营销人员和项目经理。本书以敏捷 UX 生命周期过程为导向，也可以帮助非 UX 人员了解 UX 设计，是软件工程师、程序员、系统分析师以及软件质量保证专家的理想读物。

图书在版编目(CIP)数据

高质量用户体验：第2版：特别版：恰到好处的设计与敏捷UX实践 / （美）雷克斯·哈特森（Rex Hartson），（美）帕尔达·派拉（Pardha Pyla）著；周子衿译. —北京：清华大学出版社，2023.2

书名原文：The UX Book: Agile UX Design for a Quality User Experience, 2nd edition

ISBN 978-7-302-60688-8

Ⅰ.①高… Ⅱ.①雷… ②帕… ③周… Ⅲ.①人机界面—程序设计 Ⅳ.①TP311.1

中国版本图书馆CIP数据核字(2022)第087921号

责任编辑：文开琪
封面设计：李　坤
责任校对：周剑云
责任印制：沈　露

出版发行：清华大学出版社
　　　　　网　　　址：http://www.tup.com.cn, http://www.wqbook.com
　　　　　地　　　址：北京清华大学学研大厦A座　　　　　邮　　编：100084
　　　　　社 总 机：010-83470000　　　　　邮　　购：010-62786544
　　　　　投稿与读者服务：010-62776969, c-service@tup.tsinghua.edu.cn
　　　　　质量反馈：010-62772015, zhiliang@tup.tsinghua.edu.cn

印 装 者：小森印刷霸州有限公司
经　　销：全国新华书店
开　　本：185mm×230mm　　　印　　张：54.75　　　字　　数：1156千字
版　　次：2023年2月第1版　　　印　　次：2023年2月第1次印刷
定　　价：256.00元(全4册)

产品编号：094314-01

北京市版权局著作权合同登记号 图字：01-2022-0599

The UX Book: Agile UX Design for a Quality User Experience, 2nd edition

Rex Hartson, Pardha S. Pyla

ISBN: 97801280534237

Copyright © 2019 by Elsevier Inc. All rights reserved.

Authorized Chinese translation published by Tsinghua University Press.

高质量用户体验：恰到好处的设计与敏捷UX实践（第2版 特别版）.周子衿 译.

ISBN 978-7-302-60688-8

"别慌！"

前言

"UX" 是指"用户体验"

欢迎阅读第 2 版。我们认为，最好先让大家知道，"UX"是用户体验的简称 (User eXperience)。简单地说，用户体验是用户在使用前、使用中和使用后所感受到的，通常综合了可用性 (usability)、有用性 (usefulness)、情感影响 (emotional impact) 和意义性 (meaningfulness)。

本书目标

理解什么是良好的用户体验以及如何实现它。本书的主要目标很简单：帮助读者学会识别、理解和设计高质量用户体验 (UX)。有时，高质量的用户体验就像一盏明灯：当它发挥效用时，没有人会注意到它。有时，用户体验真的很好，会被注意到甚至被欣赏，会留下愉快的回忆。或者有时，糟糕的用户体验所带来的影响会持续存在于用户的脑海中，挥之不去。所以，在本书的开头，我们要讨论什么是积极正向的高质量的用户体验。

强调设计。高质量用户体验的定义容易理解，但如何设计却不太容易理解。也许本书这一版最显著的变化是我们强调了设计——一种突出设计师创作技巧和洞察力的设计，体现技术与美学和用户意义如何合成。本书第 III 部分展示多种设计方法，以帮助大家为自己的项目找到正确的方法。

给出操作方法。本书大部分内容都设计成操作手册和现场指南，作为渴望成为 UX 专业人士的学生和渴望变得更优秀的专业人士的教科书。该方法注重实用，而不是形式化或理论化的。我们参考了一些相关科学，但通常是为实践提供背景，因而不一定会详细说明。

读者的其他目标。除了帮助读者学习 UX 和 UX 设计的主要目标，读者体验的其他目标包括确保做到以下几点。

- 让大家对 UX 设计有浓厚的兴趣。
- 书中包含的内容很容易学习。
- 书中包含的内容很容易应用。
- 书中包含的内容同时适用于学生和专业人士。
- 对于广大读者，这种阅读体验至少有那么一点趣味性。

全面覆盖 UX 设计。我们的覆盖范围具有以下目标。

- 理解的深度：关于 UX 过程不同方面的详细信息 (就像有一个专家陪伴着读者)。
- 理解的广度：若篇幅允许，就尽可能全面。
- 广泛的应用范围：过程、设计基础结构、词汇，还包括各种准则。它们不仅适用于 GUI 和 Web，还适用于各种交互方式和设备，包括 ATM、冰箱、路标、普适计算、嵌入式计算和日常物品及服务。

可用性仍然很重要

对可用性 (usability) 的研究是高质量用户体验的关键组成部分，它仍然是人机交互这个广泛的多学科领域的重要组成部分。它着眼于版主用户超越技术，只专注于完成事情。换言之，就是要让技术为人类赋能，去完成更多的事情，并且在这个过程中尽可能地透明。

但用户体验不仅仅局限于可用性

随着交互设计这一学科的发展和成熟，越来越多的技术公司开始接受可用性工程的原则，投资于先进的可用性实验室和人员来"做可用性"。随着这些努力越来越能确保产品具有一定程度的可用性，进而使这一领域的竞争更加公平，出现了一些新的因素来区分竞争性产品设计。

我们将看到，除了传统的可用性属性，用户体验还包括社会和文化、对价值敏感的设计以及情感影响——如何使交互体验包括"使用的乐趣"(joy of use)、趣味 (fun)、美学 (aesthetics) 以及在用户生活中的意义性 (meaningfulness)。

重点仍然在于为人而设计，而不是技术。所以，"以用户为中心的设计"仍然是一个很好的描述。但是，现在它被扩展到在更新和更广泛的维度上了解用户。

一种实用方法

本书采取一种实用的 (practical)、应用的 (applied)、动手做的 (hands-on) 方法，应用成熟和新兴的最佳实践、原则以及经过验证的方法，来确保交付高质量的用户体验。我们的方法注重实践，借鉴设计探索和设想的创造性概念，做出吸引用户情感的设计，同时朝着轻量级、快速和敏捷的过程发展——在资源允许的情况下把事情做好，而且在这个过程中不浪费时间和其他资源。

实用的 UX 方法

本书第 1 版针对每个 UX 生命周期活动描述了大部分严格的方法和技术，更快速的方法则讲得比较分散。如果需要严格方法来开发复杂领域的大规模系统，UX 设计师仍然可以在本书中找到他们需要的内容。但新版进行了修订来体现这样的事实——敏捷方法在 UX 实践中已经发挥了更大的作用。我们将以实用性为中心来兼顾严格和正式，我们的过程、方法和技术从实用的角度对严格和速度进行了妥协，它们适合所有项目中的大部分活动。

从工程方向到设计方向

长期以来，HCI 实践的重点是工程，从可用性工程和人因工程中激发灵感。本书第 1 版主要反映这种方法。在新版中，我们从聚焦于工程转向更侧重于设计。在以工程为中心的视角下，我们从约束开始，并尝试设计一些适合这些约束的东西。现在，在以设计为中心的理念下，我们设想一种理想的体验，然后尝试突破技术的限制来实现它，进而实现我们的愿景。

面向的读者

本书适合任何参与或希望进一步了解如何使产品具有高质量的用户体验的人。一类重要的读者是学生和教师。另一类重要的目标读者包括 UX 从业人员：UX 专家或其他在项目环境中承担 UX 专家角色的人。专家的观点与学生的观点非常相似，即两者都有学习的目标，只不过环境略有不同，动机和期望也可能不同。

我们的读者群体包括所有种类的 UX 专家：UX 设计师、内容策略师、信息架构师、平面设计师、Web 设计师、可用性工程师、移动设备应用设计师、可用性分析师、人因工程师、认知心理学家、COSMIC 心理学家、培训师、技术作家、文档专家、营销人员和项目经理。这些领域中的任何一类读者都会发现本书在实践方法上的价值，可以主要关注具体如何做。

与 UX 专家一起工作的软件人员也能从本书中受益，包括软件工程师、程序员、系统分析师、软件质量保证专家等。如果是需要按要求做一些 UX 设计的软件工程师，也会发现本书很容易阅读和应用，因为 UX 设计生命周期的概念与软件工程中的概念是类似的。

自第 1 版以来发生了哪些变化

有时，着手写第 2 版时，最终基本上是在重新写一本新书。本版就是这种情况。自第 1 版以来，发生了很多变化，包括我们自己对这个过程的理解和经验。这里要引用波特很久以前说的话："这部关于自行车运动的健康、乐趣、优势和实践的作品，其大部分内容基于作者以前同一个主题的著作，并主要基于他在 1890 年出版的同名书籍。但自作品问世以来，发生的变化大到以至于新版并不只是简单的修订，而是完全重写，推陈出新，删除过时的部分，增加许多新的和重要的内容。(Porter, 1895)"

新的内容和重点

第 2 版引入了一些新的主题和内容排列方式，具体如下。

- 加强了对设计的关注。许多面向过程的章节都强调了设计、设计思想和生成性设计。我们甚至稍微改了改书名来反映这一重点 (高质量用户体验与敏捷 UX 设计)。
- 用新的方式讲述过程、方法和技术。前几章建立与过程相关的术语和概念，为后面的章节的讨论提供相关的背景。
- 整本书以敏捷 UX 生命周期过程为导向，以更好匹配作为当前事实上的标准的敏捷软件工程方法。我们还引入了一个模型 (敏捷 UX 漏斗模型) 来解释 UX 在各种开发环境中的作用。
- 商业产品视角和企业系统视角。这两种截然不同的 UX 设计环境现在得到明确的认可并被区别对待。

更精炼的文字

第 1 版有读者反馈是希望我们的文字更精炼。因此，为了使第 2 版更容易阅读，我们尝试了通过消除重复和冗长的文字来使其更加简洁明了。看过本书后，大家会发现我们完美解决了这个问题。

本书不涉及哪些内容

本书并不是针对人机交互领域进行的调查，也不是针对用户体验进行的调查。它也不是着眼于人机交互的研究。虽然这本书很广很全面，但我们不可能涉及所有 HCI 或 UX 的内容。如果你最喜欢的主题并未包含在内，我们表示歉意，因为我们必须在某处划定界限。此外，许多额外的主题本身就相当广泛，以至于本身就可以 (而且大多数都能) 独立成书。

本书不涉及以下主题：

- 无障碍访问、特殊需要和美国残疾人法案 (ADA)
- 国际化和文化差异
- 标准
- 人体工程学的健康问题，如重复性压力伤害
- 特定的 HCI 应用领域，如社会挑战、医疗保健系统、帮助系统、培训以及为老年人或其他特殊用户群体设计等
- 特殊的交互领域，比如虚拟环境或三维交互
- 计算机支持的协同工作 (CSCW)
- 社交媒体
- 个人信息管理 (PIM)
- 可持续性 (原本计划包括，但篇幅实在有限)
- 总结性 UX 评估研究

关于练习

一个名为 "售票机系统" (Ticket Kiosk System，TKS) 的虚构系统被用作 UX 设计的例子，来说明过程所有相关章节的材料。在这个运行实例中，我们描述了可供模仿以构建自己的设计的活动。练习是本书学习过程中重要的组成部分。在基于 TKS 进行动手练习方面，本书有些像活动用书。在每个主题之后，可以立即应用新学到的知识，通过积极参其应用来学习实用技术。本书的组织和编写是为了支持主动学习 (边做边学)，而且大家也应该这样使用。

练习要求中等程度的参与，介于正文中的例子和完整的项目作业之间。

按顺序进行。每章都建立在之前的过程相关章节基础上，并为整个拼图添加了一个新的部分。每个练习都基于在你在前几个阶段学到和完成的，这和真实世界的项目一样。

如果可以，请以团队的形式进行练习。优秀的 UX 设计几乎总是团队协作的成果。至少和另外一个感兴趣的人一起完成练习，这可以大大增强你对内容的理解和学习。事实上，许多练习是为小团队（例如三到五人）设计的，涉及多个角色。

申请相关学习资源，
请扫码添加阅读小助手

团队协作有助于你理解在创造和完善 UX 设计时发生的各种沟通、交互和协商。如果可以一名负责软件架构和实现的软件开发人员（至少可以出一个工作原型）来调剂经验，显然可以促成许多重要的沟通。

学生在课堂上应以团队的形式做练习。如果是学生，做练习最好的方式是以团队为基础的课堂练习。这些练习很容易改为在课堂上作为一套持续的、为期一学期的交互式课堂活动使用，以理解需求、设计方案、候选设计的原型和 UX 评估。教师可观察和评论团队的进展，也可与其他团队分享你们的"经验教训"。

UX 专家应在获得许可的前提下在工作中做这些练习。如果是 UX 专家或渴望通过在职学习成为 UX 专家，请尝试在常规工作中学习这些素材，最好的方式是参加一个集中的短期课程，其中要有团队练习和项目。我们以前教过这样的短期课程。

另外，如果工作小组中有一个小型 UX 团队（也可能是预期要在真实项目中一起工作的团队），且工作环境允许，就可以留出一些时间（例如每周五下午两个小时）来进行团队练习。为证明这样做的额外开销是合理的，可能要说服项目经理相信这样做有价值。

个人仍然可以做练习。不要因为没有团队就不做。试着找到至少一个能和你一起工作的人。实在不行的话，就自己做。虽然让自己跳过练习很容易，但我们还是要敦促你，只要时间允许，每个练习就尽可能去做。

团队项目

学生。除了结合书中练习的小规模系列课内活动外，我们还提供了具有完整细节和需要更多参与的团队项目。我们认为，对于采用本书作为教材或教参的课程，为期一个学期的团队项目是"边学边做"的重要部分。这些团队项目一直是课程中要求最高同时也最有价值的学习活动。

在这个为期一个学期的团队项目中，我们使用了来自社区的真实客户，某个需要设计某种交互式软件应用程序的本地公司、商店或组织。客户可以得到一些免费的咨询，甚至（有时）得到一个系统原型。作为交换，对方要成为项目的客户。本书教参中有一套团队项目任务的样本,可向出版商申请。

UX 专家。为了开始在真实工作环境中应用这些材料,你和你的同事可选择一个低风险但真实的项目。你的团队可能已经熟悉,甚至对我们描述的一些活动有经验,甚至可能已经在你的开发环境中做了其中的一些。通过使它们成为更完整、更理性的开发生命周期的一部分,你可以将自己所知道的与书中介绍的新概念结合起来。

致谢

首先,我 (RH) 感谢我的妻子 Rieky Keeris。写作本书时,她为我提供了一个快乐的环境,并给了我莫大的鼓励。

我 (PP) 要感谢我的父母、我的兄弟 Hari 和我的嫂子 Devaki,感谢他们的爱和鼓励。在我写这本书的过程中,他们容忍了我长期缺席家庭活动。我还必须感谢我的哥哥,他是我最好的朋友,在我的一生中不断地给予我支持。

我们很高兴向 Debby Hix 表示感谢,感谢她总是尽心尽职地和同事们展开沟通。也感谢弗吉尼亚理工大学与 Roger Ehrich、Bob 和 Bev Williges、Manuel A. Pérez-Quiñones、Ed Fox、John Kelso、Sean Arthur、Mary Beth Rosson 和 Joe Gabbard 长期以来的专业联系和友谊。

还要感谢卡内基梅隆大学的 Brad Myers,一开始他就很支持这本书。

特别感谢弗吉尼亚理工大学工业设计系的 Akshay Sharma 允许我们拍摄他们的创意工作室和工作环境,包括工作中的学生和他们制作的草图和原型。最后,感谢 Akshay 提供了许多照片和草图并允许我们用在设计章节中作为插图。

感谢 Jim Foley、Dennis Wixon 和 Ben Shneiderman 的积极影响,我们与他们的私交可以追溯到几十年前,并且超越了工作关系。

感谢审稿人和编辑的勤奋和专业精神,他们提出的宝贵建议帮助我们把书写得更好了。

我 (RH) 将永远感谢 Phil Gray 和格拉斯哥大学计算科学系的人员对我的热情欢迎,他们在 1989 年接待并使我有一段精彩的休假时光。特别感谢格拉斯哥大学心理学系的 Steve Draper,他在那里为我提供了一个舒适而温馨的住处。

非常感谢 Kim Gausepohl，他在将 UX 融入现实世界的敏捷软件环境方面起到了传声筒的作用。还要感谢我们的老朋友 Mathew Mathai 和弗吉尼亚理工大学 IT 部门的网络基础设施和服务团队的其他人。Mathew 使我们能进入现实世界中的敏捷开发环境，我们从中学到了不少宝贵的经验。

特别感谢 Ame Wongsa 多年来针对设计的本质、信息架构和 UX 实践所进行的许多有见地的谈话，此处还为我们提供了国家公园露营应用实例的线框图。也要感谢 Christina Janczak 为我们提供了这个例子的情绪板和其他视觉设计以及本书英文版封面的设计。

最后，感谢 Morgan Kaufmann 出版社的 Nate McFadden 以及其他所有人的支持。与他们的合作非常愉快。

简明目录

详细目录

第 II 部分　使用研究

UX 从业人员指导原则

要以目标为导向。

只要没坏，就表明还可以修复，并把它变好。

拒绝教条主义，要运用自己的常识。

设想在具体场景中的应用。

大多数问题的答案都是"视情况而定"。

它关乎的是人。

每样东西都应以自己的方式进行评估。

随机应变，适应和克服。

但首先要计划、准备和预测。

保持冷静，继续前进。

失败是一个很好的选择，我们称之为成功，因为让我们及早了解了什么不成功。

答案是 42。

第 I 部分

导论

第 I 部分包含介绍性信息,为后面几部分对过程的描述做准备。第 1 章主要讲述概念、术语和定义,帮助大家了解什么是 UX 和 UX 设计。此外还讲述了 UX 的组成部分。

第 2 章讲述 UX 生命周期过程、方法和技术。第 3 章首先讲述 UX 设计和开发的重要概念:范围 (scope) 和严格性 (rigor)。我们将在其他过程相关章节中用到这些概念。接着讲述严格性如何与项目的速度、成本和风险规避进行平衡。

第 4 章首先讲述敏捷 UX 的漏斗模型,我们用它来为 UX 设计构思一个敏捷过程,从而适应敏捷软件工程过程。第 5 章为后续的过程相关章节奠定基础,接着讲述 UX 工作室的概念和项目如何开始,介绍所有过程相关章节都要用到的一个案例。

第 1 章

什么是 UX 和 UX 设计

美术和送比萨，我们做的事情恰好介于这两者之间。

——大卫·莱特曼[*]

* 译注

David Letterman，出生于 1947 年，脱口秀主持人、喜剧演员和电视节目制作人，他的荒诞主义喜剧深受喜剧演员约翰尼·卡森的影响。

本章重点

- UX 的定义和范围
- UX 设计
- UX 的组成部分
  - 可用性
  - 有用性
  - 情感影响
  - 意义性
- UX 不是什么
- 交互和 UX 的种类
- 用户体验的商业案例

1.1　交互概念的扩展

写作本书第 1 版时，交互的概念还比较初级，只是稍稍对人们如何使用计算机的话题进行了一下拓展。UX 背景下的交互概念在不断发展，从人类和计算机共同完成一个目标，到现在成为一个非常宽泛的术语，用于表示在一个生态中，人和工件之间各种各样的交流与合作，如图 1.1 所示。

交互工件

那么，什么是交互工件 (interaction artifact)[*]？它是可以和人进行双向交流的一个系统、设备、服务、工具、机制、物体或环境。因此，工件可能包括你所在的建筑或房间、你可能正在坐的椅子、厨房、自动取款机、电梯、冰箱等电器、汽车和其他车辆、大多数种类的招牌、住宅、DMV(车

* 译注

由于 artifact 在本书大多都用于工作，即 work artifact，所以本书统一将其翻译为"工件"。但在其他时候，请把它想象为"制品"或"人工制品"。

辆管理局) 的工作流程以及投票机。

生态
ecology

在 UX 设计的背景下，生态是指用户、产品或系统与之交互的整个世界的周边部分，包括网络、其他用户、设备和信息结构 (16.2.1 节)。

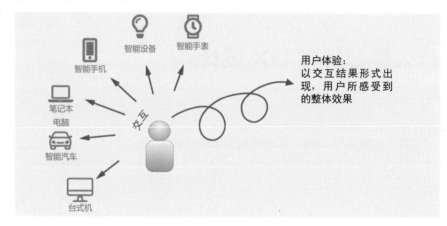

图 1.1
人和工件的交互以及由此产生的体验

扩展交互概念

　　不仅仅是设备 (工件) 在变化，交互本身的性质也在变。例如，20 多年前，交互主要发生在家庭或工作场所的台式机上。一说到交互，脑海里浮现的主要就是通过键盘、鼠标和显示器来做的事情。之后，交互扩展到了手持设备，如移动电话和寻呼机。前者实现了通过高度模态 (modal) 交互来完成基本任务，后者实现了有人呼你的时候进行"中断驱动"(interrupt-driven) 的交互。再之后，随着 PDA(个人数字助理) 的出现，可以用手写笔来进行交互。这种交互需要学习一种新的输入格式，即使用 PDA 的字形 (glyph) 语言，或者使用屏幕上的小键盘，用手写笔来点按。后来又出现了用触摸方式来操作的智能手机和平板电脑，不再需要专门用一支手写笔了。现在又有了智能手表，它将交互的本质变成了触摸和滚轮的组合。之后又是智能眼镜、VR(虚拟现实眼镜) 和智能家居环境，用户的交互方式变得异常丰富多彩。

　　交互在我们的世界中是如此广泛和普遍，好的 UX 设计必然会对我们的生活产生实质性的积极影响。

1.2　UX 的定义

1.2.1　和 UI 的区别

　　过去，人们老是说"UI"，指用户界面 (User Interface)，通常特指软件的用户界面。从广义上讲，UI 是指构成互基础的软件媒介，在我们的上下文中关系不大。UX 设计包括交互设计和更多的内容 (例如概念设计、生态

等)，但和软件 UI 的设计无关。

我们读到的一些文献将 UI 设计称为"视觉设计"，而 UX 设计更侧重于交互设计。或许，可以说 UI 是用户交互的门户之一，它的设计涉及多个分支学科。在文献中，特定 UI 的外观、感觉与情感方面通常被认为是视觉设计师的职责。UI 任务的结构以及这些任务如何与生态中其他设备的 UI 所支持的其他任务联系起来，则是交互设计师的责任。而实现这些规范的软件是软件工程师的职责。换言之，可将 UI 视为生态中各种门户。

不过，在普通大众中，UI、HCI 和 UX 这些术语在某种程度上可以换着用。

1.2.2　和 HCI 的区别

沿着这些思路，还有一个术语是"HCI"，代表"人机交互"(Human-Computer Interaction)，指的是整个研究领域。该术语现在主要针对的是学术，包括研究和开发，而 UX 是 HCI 在行业中一个更流行的用词。

1.2.3　UX 是什么意思

很明显，整本书都在讲 UX，所以需要直奔主题，即 UX 到底是什么。如本书序言中所述，"UX"是"用户体验"(User eXperience) 的缩写。这两个字母代表整个实践，代表这一领域的全部工作，也代表这些工作所带来的最终用户体验。

2010 年 9 月，一个国际小组在达格斯图尔堡开会 (Demarcating User eXperience Seminar，界定用户体验研讨会)，以梳理用户体验的本质并帮助定义它的界限。这次会议的后续报告 (Roto, Law, Vermeeren, & Hoonhout, 2011) 指出，用户体验的多学科特点导致了从多个角度的多种定义，包括作为理论的 UX、作为现象的 UX、作为研究领域的 UX 以及作为实践的 UX。本书采用后一种观点，即从实践角度来看待 UX 设计。

1.2.4　UX 的兴起

前消费时代的早期大型主机被用来运行大型企业软件系统。期间会培训用户来使用一个系统，以实现特定的业务目标。这时的"交互"是通过穿孔卡、纸带和打印件来进行的。所以，在系统开发时确实没有考虑到可用性或 UX。

随着个人电脑的问世，计算进入了用户的办公桌，而消费者运动使计

企业系统
enterprise system

组织内使用的大型信息系统，通常是由组织的 IT 部门来开发和使用的 (3.2.2.4 节和 3.4.2 节)。

范式或思维模式
paradigm

指导思维和行为方式的一种模型、模式、模板或知识性认知或观点。从历史上看，针对一个思想和工作领域，范式随着时间的推移，会一波接一波地得到广泛的普及和加强 (6.3 节)。

算进入寻常百姓家里。客户服务和支持先发现可将市场扩大到"普通人"。这些人不需要充分了解产品如何使用。这对支持成本产生了重大影响。

智能设备和互联网将计算放到了每个人的手上，使企业与消费者直接对接成为可能。范式从用户需要培训才能使用一个系统，转变成了要求系统符合用户的期望。所以，我们现在不得不考虑可用性、HCI（人机交互）和 UX。生于数字时代的人现在认为计算是天生的。对他们来说，产品背后必然有一个设计。他们只是希望产品能够正常工作。

参见 6.2 节，进一步了解以 UX 历史和根源的更多介绍。参见 6.3 节，进一步了解 HCI 和 UX 中的范式转变。

1.2.5　什么是用户体验

用户体验自然是一种体验，"体验是一种非常动态、复杂和主观的现象"(Buchenau & Suri, 2000)，它在很大程度上取决于所关联的活动的背景。

用户体验是用户在与生态中的产品或系统交互之前、期间和之后感受到的全部影响。

作为 UX 设计师，我们的工作是设计这种交互，以创造一种富有成效的、令人满足的、令人满意的、甚至是令人快乐的用户体验。

上述定义反映了用户体验的以下关键特征。

1. 它是交互（无论直接还是间接）的结果。

2. 它反映的是各种影响的总和

3. 它由用户内部感受。

4. 它包括使用场景和生态。

1. 直接或间接的交互

人和设计的工件之间的交互既可以是直接的（例如，直接操作一个设备并获得反馈），也可以是间接的（例如，观看并思考一个工件并获得一些感受）。

2. 影响的总和

按照达格斯图尔堡会议上的说法 (Demarcating User eXperience Seminar, 2010)，交互的影响包括用户的整个"感知流、对这些感知的解释以及见到系统时所产生的情感"。

总体上的交互影响包括以下两个方面。

- 在物理交互过程中，可用性、有用性和情感所产生的影响；
- 随着时间的推移，影响全面展开。

作为随着时间推移而感受到的影响的一个例子，假定一个潜在的用户研究产品或系统，观看广告和评论，并期待着拥有。一旦产品买到手，这些影响包括产品包装和"开箱"体验；看到、触摸和思考产品；欣赏产品，使用它，并保留和品味（或者不）使用的乐趣。

最后，用户体验可以包括个人对生产该产品或系统的公司及其声誉和品牌的感受，以及主人翁的自豪感和该产品如何在用户的生活中获得意义，延伸到广泛的文化和个人体验。

3. 用户体验是用户内部感受到的

显然，拥有体验的是用户。所以，在相同条件下，不同用户从交互中获得的体验会有所区别。

4. 环境和生态对用户体验至关重要

生态 (ecology) 是完整的使用场景 (usage context)，包括用户接触到的与交互有关的世界的所有部分。用户可以是多个生态（例如，工作和家庭）的一部分。一个生态中可能有多个具体的使用场景（例如，紧张的工作环境或愉快的游戏环境）。而每个这样的环境都会影响到用户体验。

1.3　UX 设计

1.3.1　用户体验是可以设计出来的吗

敏锐的读者可能发现了一个小小的矛盾之处。我们使用了"UX 设计"这样的短语，其他许多人也在说"设计用户体验"。但是，发生在用户内部的东西是不可能设计出来的。所以，像"UX 设计"这样的短语确实不太合理，但我们相信你明白它实际是指"为用户体验而设计"。

1.3.2　UX 设计的重要性

UX 的重要性正被越来越多的人所认识，UX 设计已成为人们关注的中心。正如 IBM 的一位高级副总裁所说："商业战略和用户体验的设计之间不再有真正的区别。"(Kolko, 2015a, p. 70)Knemeyer 也同意这个说法，他说："用户体验 (UX) 和每个行业、每种形式和规模的公司的使命息息相关。"(Knemeyer, 2015, p. 66)

可以用反证法来理解好的 UX 设计的重要性。坏的 UX 设计会带来多高的成本？例如，对于建筑和生活空间，糟糕的 UX 设计会在长时间内造成无谓的成本支出。"很多时候，设计和建造建筑和公园的人并不关心它们是否能正常工作，或者运行成本有多少。项目一完工，他们就可以去搞下一个项目。但是，民众不得不生活在建造得差劲、设计得差劲的建筑和空间中；而纳税人往往不得不为了把它们重新修好而埋单。"①

糟糕的 UI/UX 设计不仅耗费了大量金钱，更重要的是，还浪费了生命。如果用于操作汽车的 UX 设计很糟糕，导致的分心可能造成交通事故、受伤乃至死亡。

用于操作飞机和海上船只的 UX 设计同样需要谨慎。例如，1999 年埃及航空 990 航班的坠毁 (32.6.3.3 节) 被归因为驾驶舱控制装置设计中的可用性不良。而美国军舰约翰·S. 麦凯恩的碰撞据说是导航台的 UX 设计不良所造成的。②

在医疗领域，由于日常操作对安全的影响，对良好 UX 设计的需求更高。尼尔森发布的一份报告称："一项田野调查表明发现，医院自动化系统有 22 种方式会导致错误的药物被分配给病人。这些缺陷中的大多数都是几十年来被人们所理解的经典可用性问题。"③

1.4　UX 的组成

如图 1.2 所示，用户体验是以下因素的组合：

1. 可用性 (usability)

2. 有用性 (usefulness)

3. 情感影响 (emotional impact)

4. 意义性 (meaningfulness)

---

① John Sorrell, 2006. The cost of bad design, Report of the Commission for Architecture and the Built Environment, http://webarchive.nationalarchives.gov.uk/20110118134605/http://www.cabe.org.uk/files/the-cost-of-bad-design.pdf

② https://arstechnica.com/information-technology/2017/11/uss-mccain-collision-ultimately-caused-by-ui-confusion/

③ Jakob Nielsen, April 11, 2005, Medical Usability: How to Kill Patients Through Bad Design, https://www.nngroup.com/articles/medical-usability/

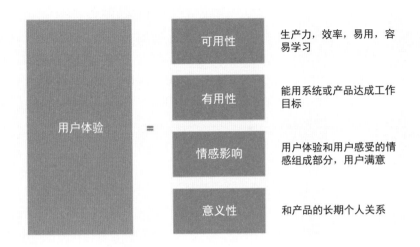

可用性　生产力，效率，易用，容易学习

有用性　能用系统或产品达成工作目标

情感影响　用户体验和用户感受的情感组成部分，用户满意

意义性　和产品的长期个人关系

用户体验 =

图 1.2
UX 的组成部分

1.4.1　示例：高档餐厅

为了说明用户体验的组成部分，我们借用高档餐厅的例子。一顿饭的"有用性"可以从营养学方面计算，或者可以从健康价值方面来感受。

某种程度上，用餐体验的"可用性"也可从实际的方面来衡量。例如，假如提供的食物很硬，难以切割或咀嚼，或者准备和上菜时间太长，肯定会影响就餐体验的可用性。缺乏必要的餐具也会影响用餐的可用性。

但对我们大多数人来说，吃饭在很大程度上是一种情感体验，或许是从期待的快乐开始的。食客还将体验到对用餐氛围、灯光、背景音乐和装饰的感知和情感反应，以及服务质量、食物摆放的美感、工作人员的友好程度和食物的味道如何。

1.4.2　可用性

很久以前，人机交互 (Human-Computer Interaction，HCI) 领域，即 UX 的伞状学术学科 (umbrella academic discipline)，几乎只是关于可用性，其中包括 (ISO 9241-11, 1997)：

- 易用性 (ease of use)
- 用户绩效和生产力 (user performance and productivity)
- 效率 (efficiency)
- 避免错误 (error avoidance)
- 可学习性 (learnability)
- 可保留性 (retainability，易于记忆)

可供性
affordance
用户环境（例如 UX 设计）中的一个特性，它帮助或提示用户做某事（30.1.2 节）。

即使现在，可用性仍是用户体验一个非常重要的部分。由于现在大家关注的是用户体验中更有魅力的部分，所以有时最基础的"可用性"被人遗忘。例如，现在流行的所谓"扁平化"(flat) 设计风格在外观和感觉上都很有吸引力，但却缺乏一个重要的可供性 (affordance)，即揭示屏幕上哪些元素可以点击，哪些不可以。没有良好的可用性作为基础，用户体验的其他部分其实是独木难支的。

1.4.3　有用性

第二个组成部分是有用性，它或许是用户体验中最容易被遗忘的。有用性 (usefulness) 就是实用性 (utility)。有用性强调的是后端软件的功能，它为你赋予了完成工作（或游戏）的能力，是一个产品或系统存在的根本原因。

Hassenzahl and Roto(2007) 将可用性和有用性描述为服务于用户的工作目标，例如检查自己的电子邮件或在社交网站发表评论。

1.4.4　情感影响

第三个组成部分是情感影响，这是用户体验的情感部分。顾名思义，情感影响包含用户对交互的情感感受 (Norman, 2004)，其中包括用户满意度。

尽管更早的时候就有关于用户体验中的情感的学术论文，但诺曼 (2002) 是第一个将这个话题广泛地提出来的人，他将其与日常事物的主题联系起来。现在有一些会议专门讨论这个话题，包括两年一次的"设计与情感会议"(Conference on Design & Emotion)[①]，其目标是促进设计和情感的跨学科方法。

虽然从技术上讲，所有用户体验都是情感性的，因其都由用户在内部体验，但有一些用户体验因素是更纯粹的情感性的，这些因素是在使用科技（无论高科技还是低科技）的过程中近距离感受到的，这些因素使用户超越了简单的满足，而变成了乐趣、享受和自我表达，有时会产生强烈的情感后果。

情感影响可通过以下多种方式来体验：

- 使用的乐趣 (Joy of usage)
- 愉悦 (Pleasure)
- 兴奋 (Excitement)
- 趣味 (Fun)

---

① 　http://www.designandemotion.org/en/conferences/

- 好奇 (Curiosity)
- 美学 (Aesthetics)
- 新颖 (Novelty)
- 惊喜 (Surprise)
- 喜悦 (Delight)
- 玩耍 (Play)
- 探索 (Exploration)
- 酷 (Coolness)
- 吸引力 (Appeal)
- 某种身份认同 (A sense of identity)
- 幸福 (Happiness)
- 热情 (Enthusiasm)
- 诱惑 (Enticement)
- 参与 (Engagement)
- 主人翁的自豪感 (Pride of ownership)
- 产品的亲和力 (Affinity)、吸引力 (attractiveness) 和认同 (identifying)
- UX 设计中的"哇"(Wow!) 惊喜一刻

参见第 6.4 节，进一步了解工作中的趣味交互。

1. 为何包含情感影响？

Hassenzahl, Beu, and Burmester (2001, p. 71) 和 Shih and Liu (2007) 是这样说的：用户不再仅仅满足于可用性的效率和效果，他们还在寻求情感上的满足。Norman(2004) 使用了更接地气的说法："有吸引力的东西使人感觉良好"。现在的用户喜欢在产品设计中寻求产品使用的乐趣和美学 (Hassenzahl, 2012; Norman, 2002; Zhang, 2009)，我们拥有和使用的产品可以引起对重要性和社会地位的强烈认知，特别是当它是一个高科技的、深奥的产品的时候。

交互中的情感影响会对经济和工作表现产生积极影响；有益的情感会带来更好的工作满意度、决策和其他行为 (Zhang & Li, 2005)。正如 Norman (2004) 向我们展示的那样，积极的情感对学习、好奇心和创造性思维有很大影响。

2. 更深的情感

虽然大多数情感影响因素都有快乐有关，但也可以是关于其他感受，包括爱、恨、恐惧、哀悼和对共同记忆的回忆等情感品质。情感影响显得比较重要的应用包括社交 (Dubberly & Pangaro, 2009; Rhee & Lee, 2009; Winchester III, 2009) 和用于解决文化问题的交易 (Ann, 2009; Costabile, Ardito, & Lanzilotti, 2010; Jones, Winegarden, & Rogers, 2009; Radoll, 2009; Savio, 2010)。

社会和文化的交互涉及的情感方面包括信赖度 (trustworthiness，在电子商务中特别重要) 和可信度 (credibility 或 believability)。为情感影响而进行的设计也可以支持人类的同情心，例如 CaringBridge(https://www.caringbridge.org) 和 CarePages (https://www.carepages.com)。

3. 快乐、兴奋和趣味

"之所以要考虑使用的乐趣，最基本的原因是在人文主义观点中，享乐乃生活之根本。" (Hassenzahl et al., 2001)

我们参照比尔·巴克斯顿 (Bill Buxton) 勾勒用户体验的书 (Buxton, 2007b) 改编了一个例子，说明了有无情感影响的区别。图 1.3 是一张山地自行车的照片 (Buxton, 2007b, pp. 98-99)。

这辆山地车就立在那里，随时等着你跳上去,骑着它去进行伟大的冒险。但这张图片并没有显示冒险的过程，而冒险才是用户体验。

再来和图 1.4 的照片进行比较，它甚至没有显示出完整的用户 (骑手) 和山地车 (Buxton, 2007b, pp. 100–101)。

不过，它切实捕捉到了用户体验的兴奋点。动态的水雾传达了趣味和兴奋 (也许还有一点危险)。当你在颠簸的岩石上飞驰时，血液和肾上腺素都在涌动，四周的风景在飞速的运动中疯狂倒退。这就是你要买的东西——山地车带来的令人窒息的刺激体验。

图 1.3
随时等着你上路的一辆漂亮的山地车

图 1.4
真正的山地车体验

4. 有吸引力的设计有时更好用

对于许多用户来说，有吸引力的设计似乎更好用，而且让人感觉良好 (Norman, 2002, 2004)。这有点像你把刚买的新车洗得干干净净的时候难道是说这个时候它似乎更好用？

5. 参与和诱惑

Churchill(2010)用"心流"(即 flow，也称为"神驰"或"沉浸")、"着迷"、"保持注意力"和"迷失在时间里"来描述"参与"(engagement) 的特点。心流的心理学概念包含了全身心的参与、有活力的专注和排除所有中心活动之外的东西 (Churchill, 2010, p. 82)。参与可以跨越使用场景，以至于它具有长期的意义性 (meaningfulness)。作为一种吸引用户的特质，诱惑力 (enticement) 与此密切相关 (Churchill, 2010; Siegel, 2012)。

意义性
meaningfulness
人和产品之间长期发展和持续的个人关系，这种关系已成为用户生活方式的一部分 (1.4.5 节)。

6. UX 设计中的酷和"哇噻"

如今的消费者已习惯 (甚至期待着) 那些很酷的产品 (Holtzblatt, 2011)。设计中的酷和"哇噻"让用户惊喜或称奇的功能特性正在成为用户体验中情感影响的"必要"元素 (Hudson & Viswanadha, 2009)。

示例：关于情感影响重要性的一则令人信服的轶事

大卫·波格 (David Pogue) 用 iPad 的例子为情感影响在用户体验中的作用做了一个令人信服的论证。在《纽约时报》的报道中 (Pogue, 2011)，他解释了为什么 iPad 颠覆了个人设备行业并创造了一个全新的设备类别。但是，当 iPad 问世时，批评者认为它"平庸"、"令人失望"和"失败"。怎么会有人想要或需要这种东西？

波格 (Pogue) 承认，从功利或理性的角度看，批评者是对的，"iPad 是多余的。它没有填补任何明显的需求。如果已经有了一部触摸屏手机和一台笔记本电脑，为何还需要一台 iPad？它其实就是一个大号的 iPod Touch。"但正如波格所说，"当时的 iPad 是有史以来最成功的个人电子设备，头几个月就卖出了 1500 万台。为什么？这无关于理性、功能和实用的吸引力，而关乎于情感的诱惑力。它关乎的是将它拿在手上并在屏幕上操纵那些精雕细琢的对象的个人体验。一旦拥有了一台，就会想法子把它变得有用。"

7. 品牌建设、市场营销和企业文化的作用

某些情况下，用户体验超越了由于可用性、有用性和使用乐趣而产生的影响。用户可能被制造商所代表的、他们的政治派别、产品营销方式等整个环境所裹挟。一个产品的品牌代表着什么形象？生产过程是否环保？能否回收利用？因此，使用特定品牌产品的用户能说出该品牌的什么事实？这些因素不好以抽象的方式定义，在实用中更难辨别。

考虑二十一世纪初前后十年间苹果公司的情况。为用户体验而设计的文化在他们的企业文化中是如此根深蒂固，以至于他们生产的每一件东西都带强调优雅的口味和伟大的设计。苹果公司这种对高质量用户体验的狂热甚至超出了他们所生产的产品，渗入了公司的其他领域。例如，当他们向新员工发出聘用通知时，会用一个精心设计的信封来包装，从一开始就让员工明白公司所坚持的理念 (Slivka, 2009)。

而这种光环也波及到了苹果零售店。《纽约时报》有一篇文章颂扬了苹果商店那迷人的光环："公司不仅把他们的许多商店变成了聚会场所，明亮的灯光和同样明亮的音响效果还营造了一种仪式感，使顾客感觉他们更像是在参加一个活动，而不是处在一家零售商店。"(Hafner, 2007) 曼哈顿一家新店的目标是使其成为"有史以来最个人化的商店"。这种精心设计的用户体验在产生销售、回访甚至旅游打卡方面都非常成功。

示例：庞蒂亚克汽车的品牌建设和激情

通用汽车 (GM) 有一个关于重视 (或不重视) 品牌建设和产品激情的有趣故事。2010 年 10 月，董事会悄悄将庞蒂亚克 (Pontiac，以丑闻名) 汽车从通用汽车的品牌系列中停用。自然，当时的直接原因是破产重组，但庞蒂亚克的结局早在 26 年前就已经注定。

在此之前，庞蒂亚克有自己独立的设计和生产设施。车主 (和想成为车主的人) 对庞蒂亚克汽车充满激情，庞蒂亚克的员工也一直以这个品牌为荣。该品牌有自己的身份、个性和声誉，更不用说在电影《追追追》中，GTO(格兰丹姆与格兰瑞斯) 和火鸟 (Firebird TransAm) 等定制"肌肉车"早就给人留下了深刻的印象。

但在 1984 年，通用汽车以其"伟大的企业智慧"，将庞蒂亚克工厂和通用汽车的其他工厂并为一体。这种基于经济因素的设施合并，意味着公司对庞蒂亚克的设计没有独立的想法，自然对其生产也不会有更特别的关注。此后，真的没有什么特别的东西可以投入，激情也就消失了。许多人认为是这一决策导致了该品牌的衰退和最终消亡。

* 译注

"肌肉车"一词出现于上世纪八九十年代，指搭载大排量 U8 发动机、马力强劲且外形具有肌肉感的美式后驱车，比如当时的福特野马、道奇的挑战者以及雪佛兰的科迈罗。

1.4.5　意义性

可用性 (甚至情感影响) 通常知识指使用情况，而如图 1.2 所示，意义性 (meaningfulness) 是指关于产品或工件如何在用户的生活中产生意义。意义性来自产品与用户的个人关系，这种关系随时间的推移而持续。许多人将自己的智能手机视为伴侣，以至于一旦离开手机，就会感觉浑身难受。这就是意义性的一个缩影。意义性的另一个例子是徒步旅行者之于手持 GPS 的那种舒适和安全的感觉。

意义性和学术性更浓的现象学 (phenomenology) 这一概念密切相关。

1.5　UX 不是什么

虽然用户体验已经逐渐成为技术世界的一个既定部分，但人们对它仍然存在一些误解和错误的认识。

1.5.1　不是防呆，也不是用户友好

可用性和 UX 不是为了防呆 (dummy proofing) 或防傻 (idiot proofing)。虽然对可用性不了解的人第一次使用这些术语时觉得它们可爱；但这对用户和设计师来说，无疑都是一种侮辱和贬低。

同样的，可用性和 UX 也和"用户友好"(user-friendly) 无关。这是一个误导性的术语，降低了 UX 设计的重要性。用户需要的不是知心大姐姐，他们需要一个高效、有效、安全也许还有美感和趣味的工具，目的是帮他们达成其目标。

1.5.2   不只是给东西披一件漂亮的外衣

对于早期的可用性和人因设计，另一个普遍的误解是，你是在最后时刻将设计发送给相关人员，他们把它打扮一下，变得"漂亮"就好。正如乔布斯所说："在多数人的字典里，设计意谓外表虚饰。它是室内装饰，它是窗帘和沙发的布料。但对我而言，没有什么能比设计的意义更进一步了。设计是人为创造最基本的灵魂，最终经由产品或服务一层层的外表来展现自己"(Steve, 2000)。Dubberly(2012) 引用了这句话，此外还得到了更多的认同："设计不仅仅让事物变得美丽，还让它们发挥作用 (Kolko, 2015a, p. 70)。"

如果最后只是添加 UX 设计作为一个表示完成设计工作的基操，是一个"涂抹"层，我们就把这称为 UX 的"花生酱理论"[①]，因其似乎是基于这样的前提：产品开发完成后，可以在上面涂抹一层漂亮的用户体验。现在，即使不太了解 UX 或软件，也知道这是不可能的。

1.5.3   不只是诊断性的观点

人因
human factor

一门工程学科，致力于将科学和技术与人类行为和生物特征结合起来以设计和维护产品及系统，从而实现安全、有效和满意的使用 (6.2.4 节)。

在可用性发展的早期岁月，许多公司都有庞大的软件工程团队，一小批人因 (human factor)，专家会在项目结束时短暂借调给一个项目组以进行"可用性测试"。这导致许多人以为"做可用性"等同于可用性测试。我们将这种观点称为"穿着降落伞的牧师"方法[②]。

在团队对设计有了基本的承诺之后，人因专家就会"空降"到这个项目中，为它施与祝福，然后离开！所以，根本没时间解决在这一阶段发现的非外观问题。在产品必须出货之前，已经没有资源可以投资了。

示例：百得手电筒和为什么评估并非万能

图 1.5 展示了百得手电筒的一个实际使用场景。它非常灵活，甚至看起来真的像一条蛇。

---

① 感谢 Clayton Lewis 的这个比喻。
② 这也要归功于 Clayton Lewis，如果我们没记错的话！

图 1.5
百得蛇形手电筒

可以改变其形状,让它自己立在工作台上或你需要的任何地方,如厨房水槽下面。为了得到一个设计思路,百得电动工具制造商的办法是在做任何设计之前都进行使用研究。他们观察了大量手电筒用户,看他们用手电筒做什么以及怎么用。

他们很快发现,在做事情时要用手电筒才能看得更清楚的人,通常也需要腾出双手来做事情。如果他们采用纯粹的诊断性观点 (diagnostic view),就可能研发出一支典型的手电筒。他们会解决所有在这个设计中发现的问题,但绝对想像不到百得蛇形手电筒这样全新的产品。

1.6　交互和 UX 的类型

并非所有交互都是针对用户和 GUI 之间的一个特定任务 (比如在日历上添加一个项目)。有的交互会在时间和空间上通过多种不同的状态和通过不同的环境继续。交互也许不是一次性交换,而是和跨系统的一次事务处理有关,并在很长的时间跨度内扩展为一系列的交换和接触。

有以下不同类型的交互可与各种用户体验联系起来。

1. 局部 (localized) 交互。

2. 基于活动 (activity-based) 的交互。

3. 跨系统 (system-spanning) 交互。

1.6.1　局部交互

局部交互,无论时间和系统都是局部的,它是指与单一"产品"进行的简单交互,产品是指用户生态 (由设备、系统、通信等组成的世界) 中围

交互
interaction

一个广义的术语,指的是在一个生态中人与设备、产品或系统之间的各种交流和协作 (1.1 节)。

绕用户的一个设备。它以任务为导向，有边界 (bounded)，有限制 (limited)，在很短时间内发生在一个交互环境中，而且有单一的目标 (例如使用笔记本电脑检查电子邮件或使用 ATM 取现)。设计的重点是交互。

1.6.2   基于活动的交互

诺曼 (Norman) 认为，基于活动的设计 (Norman, 2005) 描述了超越了简单任务的交互。一个活动指的是一个或多个任务线，是一组 (可能要按顺序) 多个、重叠和相关的任务。它可能涉及两点：

- 和一个设备交互以完成一组相关任务；
- 在用户的生态中跨设备交互。

和设备进行交互以执行一组相关的任务

例如，假定在网上搜索一台紧凑型数码相机 (镜身一体的微单，比如富士 X70)。你可能会去看其他用户的评价并决定买一台，并把它放入"购物车"。然后，你可能再去看其他类似产品的链接。还可能看你想要的其他配件 (例如 SD 存储卡、相机包、腕带、USB 线等)。虽然在此期间涉及了多个不同的任务，但你认为这是一个完整的活动。

Norman(2005) 将"结合了日程、日记和日历、笔记、短信和相机的移动电话"描述为支持交流活动的设备："这种单一的设备整合了多项任务，包括查号码、拨号、通话、记笔记、查看日记或日历以及交换照片 / 短信 / 电子邮件。"所有这些任务可组合为一个整体性的活动。

示例：iTunes 生态

作为一个例子，考虑人们是如何使用 iTunes 的。虽然这个例子涉及多个设备和任务，但对用户来说，它是用来管理个人音乐的。iTunes 被设计成有自己的周边生态来支持几个相关的活动。例如，我可以用 iTunes 来更新 iPod。假定我要删除一些音乐和一本有声书，然后创建一些播放列表。然后，我想购买一些新的音乐，并将其添加到移动设备上。当 iTunes 打开后，看到 iPod 有了一个新的 iOS 版本，于是我下载并安装了该版本并重启 iPod。然后，我购买并下载音乐到 iTunes 资料库，并将 iPod 与 iTunes 同步，以获得新的音乐设置。最好的 UX 设计 (并不是今天的 iTunes 所能提供的) 要能够无缝支持从这些任务中的一项转移到另一项。

基于活动的交互
~~activity-based~~
 interaction

在一个或多个任务线 (task thread)，即一组 (可能要按顺序) 多个、重叠和相关任务的背景下发生的交互。这种交互通常涉及生态中一个以上的设备 (1.6.2 节和 14.2.6.4 节)。

1.6.3 跨系统交互

跨系统交互 (system-spanning interaction) 是一种基于活动的交互，通常涉及用户生态中的多个工作 / 游戏角色、多个设备和多个地点。

示例：电线坏了

这个事务处理的例子有一个相当简单的目标，即在用户发现家里停电后为其恢复电力服务。例子和图 1.6 借用并改编自 Muller, Wildman, and White (1993a)。

活动开始时，用户给他的邻居打电话 (图 1.6)。邻居说他也停电了，而且他认为是附近有条电线断了。然后，我们的主人公打电话给电力公司的客服，问是否可以修复。客服在一个中央数据库的队列中发布了一个工单，其中包含账号、客户姓名、电话号码和地址。

客服还向现场技术人员发送了一条短信，后者在其便携式平板电脑上查看排队情况，并拿起工单，跳上工程车，开往该社区。他和团队修复了电线，并用平板报告了工作完成情况。客户感到很高兴。

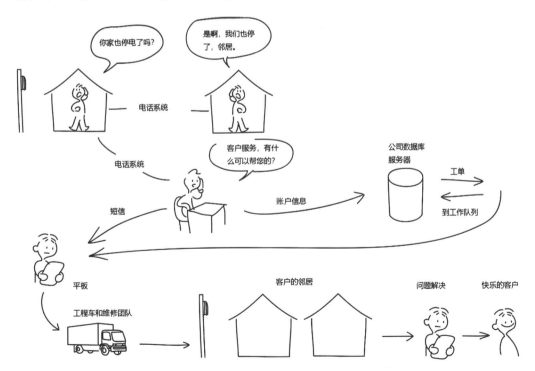

图 1.6
用于修复电线问题的跨系统活动

从这个简单的例子可以看到参与一个用户活动的生态，其中包括作为客户的用户、电力公司、其客户服务、客户账户、中央数据库、工单队列、工单、电力公司的现场技术人员和电线。

该活动的生态还包括电话系统、接电话的邻居、一条短信、技术人员的平板电脑、技术人员的同事和电力公司的工程车车队。

用户的工作流程 (workflow) 是一个跨生态的连续体，而信息的普遍性，或者说整个生态的可共享性 (shareability) 和可访问性 (accessibility)，是连接生态中不同子系统的粘合剂。后面的 16.2.4 节在讨论生态设计时，会讲到如何设计跨系统的交互。

1.6.4　交互和 UX 之 Dagstuhl 框架

达格斯图尔堡研讨会 (Roto et al., 2011, p. 8) 的与会者基于时间跨度建模了不同种类的 UX。从最早的开始，包括以下几个类别。

- 使用前：预期的 UX。
- 使用中：瞬间 UX，一次性接触。
- 使用后：偶发 UX，在现在使用和以后使用之间，穿插有不使用的时间。
- 随时间推移：累积 UX，使用一段时间后，对一个系统的总体看法。

这些不同种类的 UX 根据时间跨度的不同而发生重叠，证实了我们对"影响的总和"的定义 (1.2.5.2 节)。预期的 UX 包括研究产品看评论等所产生的感受。他们瞬间、偶发和累积的 UX 与我们局部的、基于活动的、跨系统和长期的交互有不同程度的交叉。累积 UX 侧重于用户对其常用系统 (如笔记本电脑、台式机、操作系统或字处理软件) 的使用意见。我们的长期交互与他们的累积 UX 相重叠并延展。如果累积 UX 是积极的，我们就称之为有意义 (1.4.5 节)。

意义性
meaningfulness
人和产品之间长期发展和持续的个人关系，这种关系已成为用户生活方式的一部分 (1.4.5 节)。

1.7　服务体验

服务体验和服务设计是 UX 的一种特定应用场景 (Forlizzi, 2010)。Forlizzi 说服务设计是针对"事务处理旅程"(transactional journey) 中的用户或客户体验进行的 UX 设计 (Furlizzi, 2010, p. 60)。Forlizzi 试图将两者区分开来，但对我们来说，她的定义只是证实了服务设计是应用于客户旅程 (customer journey) 的 UX 设计：它是"事务处理"类型的，目的是帮助"客户达成目标"。

服务体验是指将我们在本书讲到的原则应用于客户购物或接受服务的体验，是客户在其用户体验旅程中的接触点。

它通常涉及 UX 的故事叙述 (storytelling narrative)，分布于不同的时间和不同的地点。例如，一个去医院做择期手术 (elective surgery) 的病人的服务体验可能涉及他们的到达体验、挂号和排队、进行诊治等。

客户旅程对主要路径进行了抽象化。用户也会经历偏差 (deviation)、边缘情况 (edge case)、故障 (breakdown)、夹点 (pinch point) 和突如其来的问题。大部分使用研究数据 (第 7 章)、分析 (第 8 章) 和建模 (第 9 章) 都会捕捉这一旅程中的机械性步骤。希望它也能捕捉到一路上感受到的对情感的影响。

示例：术前访视

下面描述的是我们本地医疗系统为外科病人提供服务的工作流程。

首先是家庭医生，他研究了病人的症状，并做出了初步的诊断。医生决定需要进一步检查以确认。

下一站是本地医院，病人在那里拍了 X 光片并做了核磁共振成像，得出需要手术的最终诊断。

接着，病人去了距离自己最近的大城市的医院进行手术。为了到达那里，病人不得不使用电子邮件中收到的驾驶指南。到达后，有一套相当复杂的停车指示和步行及入口指示。然后，病人由一系列专门从事各种入院前和准备活动的人员负责处理。过几天还要做一次术前预约。

手术对病人来说很容易，不需要提供什么指示。但是，术后护理则需要一系列行动，包括开处方和去药房配药，以及打电话给医院外科人员回答有关恢复情况的问题。需要与外科医生进行几次后续预约，并逐渐减少与家庭医生的后续预约。

1.8　我们为什么要关心？用户体验的商业案例

> 匠心设计，无忧连接。
>
> ——东芝卫星接收盒上印的标语

如果没有一个令人信服的 UX 商业案例，有人会真的以为 UX 纵然 (也许) 有趣，但终究不过是一场学术训练。

1.8.1   有必要那么看重可用性吗

如果是在过去，这或许是可用性从业者不得不面对的问题。现在，UX已被认为是产品开发中的一个关键角色，是开发过程中的一个关键部分。我们不必再为 UX 和可用性辩护，因为 UX 已渗透到大多数企业和组织的开发小组和项目中。其中，"设计思维"(Brown, 2008) 在企业中取得的成功是一个原因 (让组织像设计师一样思考，将设计原则和实践应用于企业和业务过程的思维方式)，苹果的崛起是另一个原因。

1.8.2   没有人抱怨，它卖得很火爆

很容易将某些积极的信号误认为是一个产品不存在 UX 设计问题的指标。管理者常说："这个系统一定是好的；它正在大卖。"或者："我没有听到任何关于用户界面的抱怨"。这时向经理们说明 UX 的问题可能更困难，因为他们通常认为产品出了问题的指标并没有显露出来。但仔细思考就会明白，一个东西卖得好，可能是因为它暂时没有竞品，或者它的营销部门或铺天盖地的广告把问题掩盖了。另外，有的时候，无论用户体验有多差，一些用户就是不会抱怨。

这里有一些需要注意的指标。

- 你的客服接到了太多电话。
- 你的用户只访问了系统所提供的全部功能中的一小部分。
- 有大量技术支持电话是关于如何使用产品的某一特定功能。
- 有人要求提供产品已有的功能。
- 虽然你的产品提供了更多功能，但竞品卖得更好。
- 你的开发人员或营销人员在说："它可能刚开始不好用，但稍加培训和练习，就会是一个非常直观的设计。"

本书将帮助你解决这些问题。

1.8.3   成本论证

在可用性的早期岁月，许多人并不相信它，尤其是管理层的人。可用性工程师感到有义务证明他们的存在，并证明他们工作的价值。他们采用的办法是通过成本来论证 (cost justifying) 可用性 (Bias & Mayhew, 2005; Mantei & Teorey, 1988)。其中涉及用实际的例子来说明一项设计上的改进能节省多少钱。具体需要考证执行一项涉及新旧设计的事务处理所需的时间以及事务处理发生的频率。这种成本效益分析就其本身而言是很好的，但

是从现实来看，其他的因素更具说服力；客户和用户越熟悉计算机操作，对糟糕的交互设计的容忍度也更低。市场营销人员也越来越意识到好设计的重要性，并转而要求自己的组织提供更好的设计。

所以，如今为 UX 设计工作进行成本论证的想法已经过时了。在软件工程方面，已没人要求进行成本论证，在 UX 方面也开始如此。经理们意识到，将注意力集中在第一次就把产品或系统做好，在很多方面都能获得回报。结果将是更少的总时间、更少的钱以及更少的对商誉的负面影响。

示例：咨询工作轶事，实话实说一次性把 UX 做好的重要性

旧金山一家基于 Web 的 B2B 软件公司已经为其大型、复杂的工具套件建立了良好的客户基础。他们时不时会对产品设计进行重大修改，这是功能和市场焦点正常增长不可缺少的一环。但在他们认为的"互联网时代"的极端压力下，他们新版本的发布速度显得过快了。

出发点是好的，但设计没有经过深思熟虑，由此产生的糟糕可用性导致了非常糟糕的用户体验。由于他们原先的客户在公司原先的产品上投入了大量资金，所以公司在市场上多少取得了一些垄断地位。总的来说，用户有一定的弹性，虽会抱怨但也没有太多办法。但是，公司在用户体验方面的声誉正在变坏，新客户业务也在滞后，最终迫使该公司回去彻底修改设计以改善用户体验。老客户和普通用户的直接反应是，这是一种背叛。他们已投入了大量时间和精力来适应糟糕的设计，现在公司又变了。

虽然新的设计更好，但现有用户当前主要是担心有一个新的学习曲线再次妨碍了他们的生产力。这是一个花更长时间来做正确的事情与花更少的时间来做错误的事情，然后花更多的时间来修复它的经典案例。由于没有采用有效的 UX 过程，公司很快就疏远了他们现有和未来的客户群体。教训是：在互联网时代，风险与机遇并存！

第 2 章

UX 轮：过程、生命周期、方法和技术

本章重点

- 对过程的需求
- UX 基本过程的组成：
  - UX 设计生命周期，轮的概念
  - 生命周期的活动
  - UX 设计生命周期过程
  - 生命周期的细分活动
  - UX 设计方法
  - UX 设计技术
- UX 生命周期的基本活动：
  - 理解需求
  - 设计方案
  - 原型候选者
  - 评估 UX
- 作为生活技能的 UX 设计技术
- 选择和正确运用 UX 过程、方法和技术

2.1 导言

2.1.1 我们的目标是什么

现在已经进入了面向过程的章节，请记住一个重点，所有内容都是关于 UX 设计的，跟软件完全无关。我们生成的是 UX 设计，通常是以原型 (prototype) 的形式。这些设计将由开发人员、软件工程师和程序员通过相应的软件工程生命周期在软件中实现 (29.3 节)。

2.1.2 对过程的需求

软件工程人员很久以前就认识到，必须得有一个过程来对应于开发复杂的系统，于是投入大量资源 (Paulk, Curtis, Chrissis, & Weber, 1993) 来定义、

验证和遵循。在 UX 方面，Wixon 和 Whiteside 于 20 世纪 80 年代在 DEC 公司工作时走在了时代的前列，他们的说法如下 (Whiteside & Wixon, 1985) 并由 Macleod, Bowden, Bevan, and Curson (1997) 引用：

> 为系统建立可用性不仅仅需要知道什么是好的，不仅仅需要一种发现问题和解决方案的经验方法，不仅仅需要管理层的支持和所有系统开发人员的开放态度。它甚至需要比时间和金钱更多的东西。为产品建立可用性需要一个明确的工程过程 (engineering process)。该工程过程在逻辑上和其他工程过程并没有什么不同。都涉及经验性的定义、对要达到的程度的说明、适当的方法、早期交付的功能系统 (functional system) 以及改变该系统的意愿。这些原则结合在一起，使可用性从"最后一刻的附加"变成了产品开发一个不可分割的部分。只有当可用性工程 (usability engineering) 像日程安排 (scheduling) 一样成为软件开发的一部分时，我们才能指望正常生成可用性不仅仅是种广告噱头的产品。

没有 UX 设计过程的指导，从业人员就会被迫摸着石头过河。如果你在自己的项目中看到过这样的情况，那么你并不孤单。没有过程的方法是一头独狼。从业人员所做的事情将被他们自己的经验所支配和限制。他们会强调自己喜欢的做事方式，而其他重要的过程活动却被忽略。最后，正如 Holtzblatt(1999) 所说，遵循产品开发的过程是对"组织无情推动在给定时限前交付某样'东西'"进行有用的对冲。

2.1.3　过程能带来什么

过程 (process) 是一个指导性结构 (guiding structure)。作为指导性结构，过程帮助新手和专家处理项目的复杂细节。过程强制人们遵循一种系统化的方法，为可能造成混乱的事情带来秩序，尤其是在一个大型和复杂的项目中。

过程提供可靠性 (reliability) 和一致性 (consistency)。一个文档化的过程 (documented process) 提供了一种方法，可以在不同项目和不同团队成员之间使用基本相同的方法。

过程为学习提供支架。设计是关于学习的。过程提供了一个结构 (fabric)，可在此结构上建立你所学到的知识库，应用来自以前类似工作的组织记忆来纳入过去的经验教训。这种结构反过来又可以在该组织或整个学科中以 UX 的方式培训新手设计师。

过程提供了一个关于你正在做什么的共同概念 (shared concept)。文档化的过程让每个人都知道产品或系统 (软件加 UX) 是如何开发的。过程还

可靠性，UX 评估
reliability, UX evaluation

指 UX 方法或技术从一个 UX 从业者到另一个，以及同一从业者在不同时间的可重复性 (21.2.5.2 节)。

有助于团队的协调和沟通，它将开发状态外部化，以便观察、度量、分析和控制——否则，项目的不同角色很难沟通他们正在做什么，因为他们没有一个关于他们应该做什么的共同概念。

2.2　UX 的基本过程组成部分

2.2.1　UX 设计生命周期

顾名思义，生命周期是 UX 设计生命的一个周期，从启动到部署，等再到更远。

2.2.2　UX 生命周期活动

生命周期活动是在一个生命周期内大概要做的事情 (参见图 2.1)。
- 理解 (用户) 需求。
- 设计解决方案。
- 原型化候选方案 (针对有前途的设计)。
- 评估 UX。

2.3 节将更详细地讨论这些基本的生活周期活动。

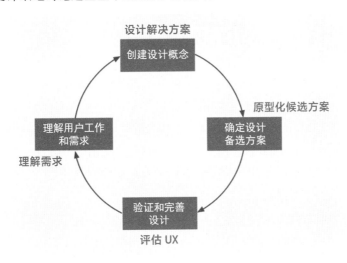

图 2.1
由基本生命周期活动构成
的基本 UX 设计生命周期
过程

2.2.3　UX 设计生命周期过程

UX 生命周期过程表示了如何按时间顺序将生命周期活动安排到一起，以及生命周期活动 (图 2.1 的方框) 如何在过程流中连接到一起 (通常以流程图的形式表示)。这里不必进行细致的区分，所以我们会或多或少地交替使用"过程"(process)、"生命周期"(lifecycle) 和"生命周期过程"(lifecycle process) 这些术语。

2.2.4　UX 轮：一种 UX 生命周期模型

将这个抽象的周期扩大一点，在其中加入反馈和迭代，会得到如图 2.2 所示的 UX 生命周期模板。我们把它形象地称为"UX 轮"(The Wheel)。这是因为它是一圈一圈的，每转一圈都会使你更接近于目的地。

这张基本蓝图概括了几乎任何设计的通用过程，适用于产品 / 系统一小块或整个系统的设计。

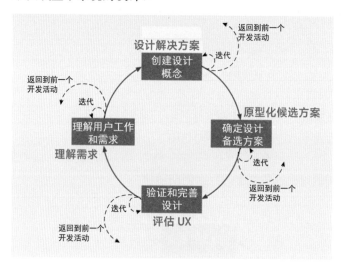

图 2.2
UX 轮：展示本书"过程"部分的生命周期模板

2.2.5　生命周期的细分活动

每个生命周期活动都很重要，足以用它自己的一套细分活动来描述。生命周期的细分活动是在生命周期的一个活动中所做的事情。

"理解需求"(2.3.1 节) 生命周期活动的示例细分活动如下所示。

- 数据抽取
- 数据分析
- 数据建模
- 需求提取

2.2.6　UX 方法

在我们的词汇中，方法 (method) 是一种用于执行整个或部分特定生命周期活动或细分活动的方式。用于"理解需求"生命周期活动的一个示例方法是"使用研究"(usage research)，将在本书第 II 部分讲述。

2.2.7　UX 技术

最后，UX 技术是指一种具体的做法，可用它执行活动、细分活动或方法中的一个步骤。一个给定的 UX 设计技术可在多种不同的生命周期活动中发挥作用，而且不和特定的 UX 方法绑定。在"使用研究"这个 UX 方法中，用于"数据收集"活动的 UX 技术的例子如下所示。

- 用户访谈
- 观察用户的工作情况

2.2.8　术语的层次结构

为了区分在 UX 设计中所能做的事情的层次，下面总结了一种术语层次结构。

- 过程，或 UX 生命周期过程
- UX 生命周期活动和细分活动
- UX 方法
- UX 技术

这些术语尽管在文献中经常出现，但在本学科内却通常是模糊、定义不清的。我们选择淡化这些密切相关的术语之定义，来反映我们认为这种松散层级关系中最常被理解的含义，表 2.1 展示了一个例子。

表 2.1　过程、方法和技术的非正式层次结构（附简单例子）

生命周期过程	传统瀑布式过程 (4.2 节)
生命周期活动	理解需求 (第 II 部分)
细分活动	抽取使用信息 (第 7 章)、分析使用信息 (第 8 章)、建模系统或产品的使用 (第 9 章)、理顺需求 (第 10 章)
方法	使用研究、调查和竞争分析 (用于"抽取信息"细分活动)；使用研究分析 (用于"分析信息"细分活动)；流程、顺序、任务模型 (用于"建模使用"细分活动)；正式需求 (用于"规范化需求"细分活动)
技术	访谈、观察、亲和图法等

2.3　四大基本的 UX 生命周期活动

本节将更深入地探讨各个 UX 设计生命周期的活动和细分活动。本书的大部分内容都与这些主题相关。

图 2.1 和图 2.2 的四个基本 UX 生命周期活动如下。

- 理解需求：理解用户、工作实践、使用情况、主题领域 (subject-matter domain) 并最终理解设计需求

瀑布式生命周期过程
waterfall lifecycle process

最早的正式软件工程生命周期过程之一，是生命周期活动的一个有序线性序列，每个活动都像瀑布的一个层级一样流向下一个活动 (4.2 节)。

- 设计解决方案：创建作为解决方案的设计
- 原型化有前途的候选方案：实现和设想 (realize and envision) 有前途的设计候选方案
- 评估 UX：验证和完善它们所提供的用户体验设计

对于一个给定的迭代，图中每个框都代表了进行相应的生命周期活动的方法。选择使用哪种方法取决于设计情况 (2.5 节)。

用不同的框来描述 UX 生命周期的活动，这种方式方便，可以突出每个活动，以便进行讨论并与本书各章对应。但在实践中，这些活动并没有如此明确的界限，可能会有大量的交织和重叠 (5.2 节)。

2.3.1　"理解需求" UX 生命周期活动

生命周期的"理解需求"活动用于理解业务领域、用户、工作实践、使用情况和总体的主题领域。采用的最流行的方法是"使用研究"的一些变体。其中，最严格的版本包括以下细分活动，每个细分活动都专门用一章来讲述。

使用研究
Usage Research

用于执行 UX 生命周期活动"理解需求"的一种方法，该活动要求对用户进行访谈并观察其工作情况。使用研究的目的是收集工作领域知识和现有工作实践的详情，以理解工作活动和用户需求，为支持工作实践的设计提供依据 (7.2 节)。

沉浸
immersion

对手头的问题进行深入思考和分析的一种方式，目的是在问题的背景下"生存"，并将问题的不同方面联系起来 (2.4.7 节)。

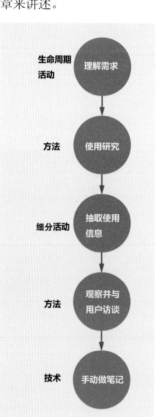

- 数据抽取 (第 7 章)：采访用户并观察用户的工作 情况，收集有关工作实践、用户、使用和需求的数据。
- 数据分析 (第 8 章)：提炼和组织使用研究数据。
- 数据建模 (第 9 章)：创建用户特征、信息流、任务和工作环境的表示，用于协作 (collaboration)、共享 (sharing)、存档 (archival)、排练 (rehearsal)、沉浸 (immersion)。
- 需求提取 (第 10 章)：规范化需要和需求。

图 2.3 展示了用可能的方法和技术来完成的"数据抽取"细分活动。

图 2.3
"理解需求"生命周期活动的"数据抽取"细分活动

2.3.2　"设计解决方案"UX 生命周期活动

"设计解决方案"或许是最重要的生命周期活动，也是涉及范围最广的活动。随着项目和产品在以下几个基本"阶段"中发展和成熟，这项活动的典型细分活动也会随着时间的推移而发生巨大的变化（参见图 2.4）。

- 生成式设计（generative design）。通过构思和画草图来创造设计创意（第 14 章）、低保真度的原型设计（第 20 章）以及进行设计评审（critiquing）以进行下一步探索（14.4 节）。
- 概念设计（conceptual design）。创建心智模型（mental model）、系统模型、故事板、概念设计候选者的低保真原型（第 15 章）。
- 中级设计（intermediate design）。为最有前途的候选方案制定生态、交互、情感设计计划（第 16 章、第 17 章、第 18 章），为设计胜出者创建图示的场景、线框、中保真模型（mockups），并确定设计取舍以比较候选设计方案。
- 设计生成（design production）。为新浮现的设计选择（emerging design choice）指定详细设计计划（第 17 章和第 18 章）。

上述每个细分活动的相对重要性取决于设计情况，尤其要取决于准备创建的产品或系统的种类。

故事板
storyboard

以一系列草图或图形剪辑的形式出现的可视场景，通常带有注释，用动画"帧"来说明用户和设想的生态或设备之间的相互作用（17.4.1 节）。

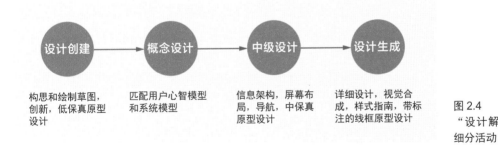

设计创建	概念设计	中级设计	设计生成
构思和绘制草图，创新，低保真原型设计	匹配用户心智模型和系统模型	信息架构，屏幕布局，导航，中保真原型设计	详细设计，视觉合成，样式指南，带标注的线框原型设计

图 2.4
"设计解决方案"典型的细分活动

对"设计"的解释：广义和狭义

一个可能混淆的点来自于"设计"一词在 UX 和其他领域中的用比较模糊。一方面，图 2.1 整张图称为"UX 设计生命周期"。所以，人们可能得出结论，这整张图回答了"什么是 UX 设计？"这个问题。

但细心的读者会注意到，在这个生命周期内，顶部还有一个叫"设计解决方案"的方框。或许这就是 UX 设计的含义。事实上，"设计"这一术语的这两种用法都很有用，但我们缺乏合适的词汇来区分它们。

为此，我们还是遵循该领域松散的惯例，使用具有两种含义的"设计"来避开歧义的陷阱，希望能通过上下文来予以澄清。如果无法通过上下文来明确，我们将说明其具体含义。

- **广义的解释**。从广义上讲，"设计"是指总体的 UX 设计生命周期过程。简单地说，UX 过程就是一个 UX 设计过程。
- **狭义的解释**。从狭义上讲，"设计"只是 UX 生命周期中的单一活动，其细分活动如图 2.4 所示。这种狭义的观点也使我们能将设计与其他生命周期活动 (例如"理解需求"或"评估 UX") 的讨论分开。作为一个独立的生命周期活动，"设计"的重要性足以使其有自己的定义、活动、理论和实践。
- **狭义的观点导致了错误的认知**。如果独立地看待，狭义的观点可能导致对 UX 设计师在项目中的角色产生长期的误解。如蒂姆·布朗 (Tim Brown)* 所述："从历史上看，设计一直被当作开发过程中的一个下游步骤——设计师在创新的实质性工作中没有更早地发挥作用，只是最后负责为想法加上漂亮的包装而已。由于不是从广义上看待设计，尤其是 UX 设计，项目团队在邀请设计师参与整个过程方面进展缓慢。" (2008, p. 84)
- **设计的不同观点导致对原型化的不同观点**。UX 设计不同层次的不同视角有利于区分 Buxton (2007b) 指出的两种类型的原型设计和评估。为了获得正确设计而进行原型设计、评估和迭代是"设计创建"细分活动 (狭义观点) 的一部分。获得正确的设计是在更广义的整个 UX 生命周期过程中的原型设计、评估和迭代的目标。从狭义的观点出发，原型设计在"设计创建"细分活动中被用作草图和快速的低保真原型，而更高保真的原型则发生在整个 UX 设计生命周期中的"原型化候选方案"的细分活动中。

2.3.3　"原型化候选方案"生命周期活动

在这里，原型设计是一个完整的生命周期活动，旨在实现和设想有前途的设计候选方案。主要细分活动为以下列形式创建出符合预期保真度的设计表达：

- 纸原型
- 线框和线框流程
- 点击式线框原型
- 实物原型

和草图一样，原型的构建通常与设计并行或结合进行，原型是草图构思的延伸。随着设计在设计师头脑中的发展，它们会产生各种类型的原型

*译注

创新设计咨询公司 IDEO 的首席执行官兼总裁，设计思维的倡导人。

作为外部设计的表示。由于原型是为了许多不同的目的而制作的，所以有多种原型，每种都有自己的方法和技术，详情将在第 20 章讨论。

原型有许多不同的保真度，包括低保真度 (尤其是纸原型，比如用于设计探索和早期设计审查的静态打印线框图)、中保真度 (如点击式线框原型)、高保真度 (程序化的功能原型) 以及具有像素级外观和感觉的"视觉合成"。

2.3.4 "评估 UX"生命周期活动

这个活动的目的是验证和完善 UX 设计，以确保设计是正确的。"评估 UX"活动有一些细分活动和可能的替代方法用于评估、验证和完善设计，具体如下。

- 收集评估数据。用实证或分析方法评估设计，从而模拟或理解实际使用情况，并生成评估数据。
- 分析评估数据。用于识别关键事件和根本原因。
- 提出重新设计的解决方案。
- 报告结果。

为了进行 UX 评估的活动和细分活动，可以采用多种多样的方法。从轻量级而快速的方法，到彻底而费力的方法；从全面的实证研究，到快而糙的检查，具体视设计的情况而定。另外，还有多种不同的方法和技术用于评价 UX 的不同组成部分：可用性、有用性、情感影响和意义性。这些将在第 V 部分详细讨论。

> **检查**
> **inspection**
> 一种分析评估方法，UX 专家通过观察或尝试来评估交互设计，有时会在一套抽象的设计准则背景下进行。评估人员既是参与者的代理人，也是观察者，会思考什么会对用户造成问题并就预测的 UX 问题给出专业的意见 (25.4 节)。

2.4 作为生活技能的 UX 设计技术

本书是在 UX 设计场景下使用 UX 技术。由于这些技术也被用于解决日常生活中的问题，所以我们也将其视为一种生活技能，即解决问题的一种基本的、通用的技能，可以帮助设计人员和非设计人员实现成长。

此外，在关于过程的章节中的讲述的一些技术是 UX 过程特有的，下面列举部分例子。

- 卡片分类 (8.6.1 节)。指一种对收集到的数据进行组织，例如在使用研究或 UX 评估中收集到的数据。目的是方便理解并体会其意义。
- 出声思考。在基于实验室的评估方法中使用的一种数据收集技术，用于评估 UX 生命周期活动。其中，参与者在与设计原型或系统交互时按被提示口头表达一个人的想法和计划。

- 记笔记 (note taking)。在"理解需求"生命周期活动的"抽取信息"细分活动中，一种用于收集原始用户数据的技术 (第 7 章)，包括录音、录像、手写和在电脑上打字来记笔记等形式。

目前有很多种 UX 设计技术，而且，随着时间的推移，还有更多的技术会被记入文献并被用于实践 (Martin & Hanington, 2012)。

我们将根据自己在这一领域的研究和实践经验来描述其中最重要的技术。这些技术将被视为常规技能。大多数技术看起来很熟悉，因为你在其他环境中遇到或使用过它们。目前，可以将其视为对后续章节的一种预览。

2.4.1　观察

观察 (observation) 是指见证一个正在进行的活动，目的是了解最根本的现象。要注意观察的包括例外情况、意外情况、一般情况、模式、工作流程、顺序、什么可行什么不可行、问题和障碍以及人们对问题的反应 (或者他们是否会有反应)。观察为推理和演绎提供输入，但具体是否能执行有效的观察，则后果难料。

需要长时间的练习才能培养出优秀的观察力。UX 专家必须通过训练，才能养成对重要事物的敏感性。如马什 (Marsh George Perkins)* 所述 (夏洛克·福尔摩斯也一直在证明)："看见是一种能力，(但) 观察是一种艺术。" (1864, p. 10)

示例：观察洗车房的工作流程

下面是一个在现实生活中应用观察力的例子，观察的是洗车工作流程。最近一次去 Buster's Auto Spa(我们本地的一家洗车房)，我不得不排了近半个小时的队才进入洗车房。我猜大多数人都会看报纸或听音乐来打发时间。但是，作为受到祝福 / 诅咒的 UX 设计师，我对延迟的原因产生了好奇。

图 2.5 展示了一个洗车房入口的简化草图，和任何一个洗车房的入口差不多。注意，这至少是另外两种技术的实际例子：抽象 (下一节) 和画草图 (2.4.9 节)。

大多数时候，这个洗车房都工作得很顺畅，但偶尔也会出现工作流程问题。当顾客想要清洗汽车内部时，服务员会使用一个固定安装在入口处的大型吸尘器。

* 译注

现代环保之父，其代表作《人与自然人类活动所改变的自然地理》是 19 世纪地理学、生态学和资源管理的重要著作。

吸尘可能需要 10 分钟，在此期间，没有汽车能通过洗车房——这对洗车房不利，对那些不得不排在当前正在被吸尘的汽车后的顾客也不利。顾客的等待尤其糟糕，因为通常只有洗了车，才能上路去别的地方。此外，通向入口处的车道狭窄，顾客几乎无法脱身。观察到这些后，我自然开始思考能解决这个问题的各种场地设施应该如何设计。对此，你有什么建议？

图 2.5
洗车房的入口 (草图)

练习 2.1：深入观察

现在是大家的第一个练习。主动学习意味着在实践中学习。学习本书中描述的过程 , 最好的办法是做练习。我们从三个层面安排读者参与过程相关章节要想：正文描述的例子、供小组或者个人做的一组练习以及一组进行全面限定的团队项目作业 (http://www.theuxbook.com/)。先从简单的开始。

观察 COSTCO(好市多) 或其他生意火爆的大卖场的客户服务柜台，准备一份调查结果，描述正在发生的事情、流程以及故障等。

2.4.2　抽象

抽象 (abstraction) 是指去除与给定目标无关细节的做法 (实践)。"抽象被认为是计算机科学 (CS) 和软件工程 (SE) 中作为大多数活动基础的一项关键技能" (Hazzan & Kramer, 2016)。其结果是更清楚地了解什么是重要的，不受无关紧要的东西干扰。换言之，抽象是将麦子从谷壳中分离出来。抽象还包括从一个例子中归纳的能力。必须能理解和提取一个特定的观察到的事件或现象的本质，将这个事件或现象其作为更一般的情况或原则的实例。

以建房子的情况为例，作为设计师（建筑师），你正在采访要建房子的用户（住户）。不同的用户提出不同的需求。

- 用户 A：我希望在厨房安装风扇，清除烹饪时产生的所有气味
- 用户 B：我喜欢书房开着窗，让新鲜空气进来
- 用户 C：我工作间要用到许多胶水，所以需要有更大的门窗来通风，以免被化学气味熏死。

所有这些特定的实例都可抽象为一个常规的房屋通风概念，这样就能得到一个能解决列表中所有个别问题的设计。

2.4.3　做笔记

做笔记 (note taking) 是指对观察所得进行描述的一种有效的做法。它包括一套定性数据收集技术。

做笔记的技术包括手写笔记、在电脑上录入笔记、对要点进行录音或录像。不管怎么做，做笔记都应该是一种几乎下意识的活动，不会让你分散你基于观察活动的认知过程。这通常意味着使用最简单的手段，比如手写或者用电脑打字。我将前面洗车问题的笔记记录在我一直随身带着的袖珍数字录音机上，等回家后再整理。

为提高效率，做笔记时要进行抽象以抓住要点，同时少说废话。笔记中可以包括草图和 / 或模型、类比或任何其他描述机制，从而将额外的技术带入其中。

2.4.4　数据 / 思路组织

数据组织 (data organization) 是按类别对数据进行分类的做法，目的是使原始数据易于理解。数据组织技术如下所示。

- 卡片分类。
- 亲和图。
- 思维导图。"思维导图是一种可视化组织信息的图示。思维导图通常围绕单一概念而创建，在空白页的中心位置画一张图，再加上一些相关思路的表示，如图像、文字和其他只言片语。主要思路与中心概念直接连接，其他思路则从这些思路分支出来"。[1]
- 概念图。"概念图是呈现概念之间建议关系的一种图。它是一种图

---

[1]　https://zh.wikipedia.org/wiki/心智图

形工具，教学设计师、工程师、技术作家和其他人用它来组织和构造知识"。[1]

一般用卡片分类组织桌面应用程序的菜单结构。设计师列出系统应支持的所有动作，每个动作都印到一张卡片上。然后要求用户将它们组织成组。亲和图是用于组织更大的数据集的层次化方案，将在第 8 章详细介绍。思维导图和概念图可以用来对结构松散、联系紧密的思路和数据进行外化*。

2.4.5　建模

建模 (modeling) 是指沿特定维度来表示复杂和抽象现象的做法，目的是简化并帮助理解。它是对问题空间的各个不同方面进行解释或归类的一种方式。

建模是一种特殊的抽象，通常用来识别和表示对象、关系、行动、操作、变量和依赖关系。建模是组织和展示信息以加深理解的一种方式。它从原始数据中得出概括和关系。

为了理解建模是一种生活技能，可以考虑一下你在买车前所做的研究。你会接触到关于汽车的各种信息。为了将一辆车与另一辆车比较，需要用某种模型来组织这些信息。该模型可能包括多个维度，比如车型、设计美学和技术规格。车型可能包括敞篷车、SUV 和轿车。设计美学可能包括车身形态 (两厢或三厢)、空气动力外观和可选颜色。技术规格可能包括价格、MPG(油耗)、马力、扭矩和四驱 / 前驱。

2.4.6　讲故事

讲故事 (storytelling) 是指用叙述的方式来解释一个现象或设计的各个方面，目的是让观众沉浸于这个现象中。

讲故事是广告行业常用的一种技巧。讲述使用产品的人的故事，以及他们在生活中从产品中获得的快乐和 / 或效用，比单纯列举产品的优点更有说服力。

讲故事也是一种很好的生活技能，可以在各种情况下使用。房地产经纪人讲房子的故事，它是什么时候建造的，以前谁住在那里，现在谁住在那里，这比仅仅谈论面积和其他特点更有说服力。这些故事使我们能设想自己如何在这所房子里生活，并在那里留下我们自己的回忆。

对于本书的读者来说，一个更实用的例子来自我们多年来对有抱负的

* 译注

外化，是德国哲学家格尔常用的一个术语，指内在的东西转化为外在的东西，主要是指物质的是由绝对精神外化而来的。

---

[1]　https://zh.wikipedia.org/wiki/概念图

UX 设计师和研究人员进行工作面试的经历。我们注意到，那些在自我介绍或者做设计作品展示时采用讲故事方式的求职者总是更有趣、更有亲和力。讲故事帮助这些求职者以一种丰富和吸引人的方式传达项目的背景，包括设计概要、挑战、政治和文化。相比之下，每次都只用一张设计幻灯片来"介绍"其作品集的候选人就不那么有效了，因为他们没有用"胶水"将每张幻灯片中互不相干的设计快照组合成一个面试官可以理解的叙述。

2.4.7　沉浸

框架形成

基于一个模式 (pattern) 或主题 (theme)，从特定角度来提出问题。该模式或主题下的结构化问题框架形成，强调了要探索的方向 (2.4.10 节)。

沉浸 (immersion) 是指对手头的问题进行深入思考和分析，目的是在问题的背景下"生存下来"，并将问题的不同方面关联起来。

沉浸是指在 UX 工作区 (参见 5.3 节描述的 UX 设计工作室) 中，像在作战室中一样，用创意设计的工件——海报、笔记、草图、照片、图表、语录、目标宣言——来"武装"自己。将自己和外界的干扰隔绝开。工件作为刺激物触发框架形成过程，可以用来认清联系和关系。眼前看到的一切都成为一种认知支架，一种辅助思考手段和催化剂，帮助自己催生设计思路。

考虑下面这个在非 UX 环境中沉浸的例子。侦探试图解决一个棘手的案件，他将自己锁在一个"作战室"中，完全不受工作或周围环境的干扰。他沉浸于案件中，被许多证据所包围，比如犯罪现场照片和草图、警察和证人报告。他还会在墙上贴上一个时间轴 (timeline，事情发展的流程模型) 以及体现相关人员生活故事的草图。他对案件的研究如此深入，以至于暂时"化身为凶手"。

最后，虽然大部分沉浸体验都发生在 UX 工作室，但现场沉浸 (现场是指正在构建的系统未来的使用场景) 也可以成为分析和设计的一种有效辅助沉浸式空间 (Schleicher, Jones, & Kachur, 2010)。

2.4.8　头脑风暴

头脑风暴 (brainstorming) 是指为探索不同思路、问题和解决方案而进行的互动式小组讨论，其特点如下。

- 必须是集体活动。每个人的输入和讨论都会刺激、引发思考并对其他的人有所启发。
- 作为"设计解决方案"生命周期活动的一项主要技能，着重于强调不同的观点，并就现象或问题生成不同的框架。
- 可以在"评估 UX"生命周期活动中使用，为已确定的 UX 问题创建解决方案。

- 可以用于任何开放式问题。例如，谁是系统的潜在用户？去哪里寻找评估的参与者？

第 14 章在讲述生成式设计 (generative design) 时，会将头脑风暴纳入 UX 设计中的构思 (ideation)、草图 (sketching) 和评审 (critiquing) 阶段进行讨论。

2.4.9　草图和绘图

UX 中的**草图或素描** (sketching) 是指通过画一些简单的图来描绘问题和解决方案的本质。

它可以将分析和探索对象、它们的关系以及对问题和解决方案的新的理解进行外化。关于草图的一个重点是，它和艺术或美学无关，注重的是思想的交流。所以，不要担心草图的比例对不对，不具有美感。参见 14.3.1.1 节，进一步了解草图如何作为生成式设计的一个必要组成部分。

草图是一种原型。它使用一种抽象的表现形式，强调一些明显的特征以辅助视觉传达。草图实际上有助于思考，因为它可以体现手眼与大脑认知之间的联系 (Graves, 2012)。这能促进创新行动 (creative act) 中的认知 (14.3.1.3 节)。草图必须总是与构思 (ideation) 一起发生。如 Buxton(2007b) 所述："设计就是画草图。"

草图作为一种生活技能，在日常生活中有着广泛的应用。想要重新安排一下某个房间里的家具？先画一张设想中的配置或布局草图。用自己在房间中的工作流程模型来证实它，让自己沉浸在该房间的使用场景中。

2.4.10　建立框架和重新建立框

建立框架 (framing) 和**重新建立框架** (reframing) 是指从一个特定的视角提出问题。

框架旨在建立一个视角来对问题进行结构化，并强调要探索的方向。框架可以是一种模式 (pattern) 或一个特定的主题 (theme)；在寻找解决方案的过程中，我们会从该角度来看待一切。在某个框架的特定背景下，我们可以问"假设……"(what if) 和"为什么不做这个"(why don't we do this)？框架可重复使用，且每次重用都会增强其效力。

要想创建框架，必须回到问题的基本要素，即底层的抽象现象 (abstract phenomenon)，确定真正发生的事情，即问题的本质，并忽略其他所有噪音。

由于框架是一种特殊类型的头脑风暴，所以最好作为一项团队活动来进行。

Cross(2001) 描述了 Dorst(2015) 的一本书，认为书中提供了"以设计为主导的创新的一种新型实用方法。采用他的框架创建方法，可以通过设计思维来解决难题和棘手的问题"。

这里有一个非 UX 的例子可以用来说明一点：在几乎任何情况下任何一个问题的解决过程中，不同的框架会得到不同的解决方案。假定某个城镇附近的河流洪泛区土地偶尔会被淹没。如果把它看成是水量过大的问题，会导致你重点考虑建水坝或其他控流方案。或者，如果把它看成是河水溢出河堤的问题，你可能会转向一个堤防系统，将水控制在河堤内。又或者，如果把它看作是自然现象，宜疏不宜堵，你会要求土地所有者只能在洪泛区最高水位以上建房屋。

回到 Buster's Auto Spa 洗车房的问题，其实就是应该考虑多个框架的例子。很明显，洗车房的设计师只考虑到了"理想路径"*，即最简单的情况。但是，如果肯花些时间观察其他洗车店的工作流程，他们就可能找到另一个问题框架，其中包括要对车子内部进行吸尘的情况以及在一个不妨碍正常流程的不同空间中执行这一操作的设计方案。

2.4.11　推理和演绎

推理 (reasoning) **和演绎** (deduction) 是指应用逻辑来处理观察到的事实并将其揉合到一起进而最终得出逻辑结论的一种长期实践。

观察是逻辑的谓词，结论是演绎 (The observations are the predicates of the logic and the conclusions are deductions)。推理和演绎是使用符合原有事实的逻辑来合成新的事实的一种方式。

在 UX 中，推理和演绎常用于得出以使用研究为基础的用户需求、以需求为基础的设计特性以及以工作领域的见解为基础的取舍和约束。第 10 章会通过一些例子来演示如何基于使用数据来演绎（推导）出系统需求。

2.4.12　原型设计和设想

原型设计 (prototyping) 是指生成或构建一个设计的模型 (model 或 mockup)。原型可以在某种程度上操作和使用，以体现或模拟用户体验，并可以进行评估。

设计思维
design thinking
让组织像设计师一样思考，将设计原则和实践应用于企业和业务过程中 (1.8.1 节)。

* 译注
即 happy path，最理想的路径、最基本的流程，不考虑任何异常（例外）情况。

原型设计扩展了草图的概念。作为 UX 设计的主要输出，原型是对设计作为问题解决方案之有效性进行设想和评估的一个平台。更多关于原型设计的信息，请参见第 20 章。

2.4.13　批判性思维

批判性思维 (critical thinking) 是指 "对事实进行客观分析以形成判断。这是一个复杂的主题，有多个不同的定义，一般包括理性的、保持怀疑的和无偏见的分析，或者对于事实证据的评估。" [①]

批判性思维是 UX 评估的基本核心，用于测试、审查、诊断、验证或校验候选设计方案。这种评估需要观察、抽象、数据收集、记笔记、推理和演绎等技能，还要有能力做出判断以及进行排名和评级。

参见第 5 章，进一步了解 UX 评估。

2.4.14　迭代

迭代 (iteration) 是指对分析、设计、原型设计和评估的一个循环进行重复，力求进一步完善对一个概念的理解或者对作为问题解决方案的设计加以改进。

迭代的一个简单的非 UX 的例子是某个作者在提交论文或报告之前可能做的反复审读和重新编辑。

2.4.15　结合使用不同的 UX 技术

不管在 UX 设计中使用，还是作为生活技能，这些技术通常都需要结合使用。例如，侦探必须结合各种技能来破案，包括观察、记笔记、讲故事、沉浸、头脑风暴、草图、框架、推理和演绎。

在后面讨论的章节中，尤其第 14 章讲解构思、草图和评审时，只要用到这些技术，都会进行更深入的讨论。

2.5　选择 UX 过程、方法和技术

对于任何给定的项目，都必须为 UX 生命周期活动和细分活动选择 UX 过程、方法和技术。

---

① https://zh.wikipedia.org/wiki/批判性思维

敏捷生命周期过程
agile lifecycle process

一个小范围生命周期过程 (UX 或 SE)，其中所有生命周期活动都针对产品或系统的一个特性 (feature) 来执行，然后下一个特性重复整个生命周期。敏捷过程由作为功能的用户故事 (而不是由抽象的系统需求) 来驱动，其特点是小而快的版本交付，以求尽快获得使用反馈 (4.3 节)。

2.5.1　UX 生命周期过程的选择

对 UX 生命周期过程的选择是在最高层级做出的。这个世界，一些事物的发展趋势对这一选择有很大的影响。现在，软件工程 (SE) 领域几乎普遍采用了敏捷生命周期过程 (agile lifecycle process)，我们 UX 领域也做出了同样的选择，即采用敏捷生命周期过程以跟上软件开发的步伐。和在软件工程项目中一样，敏捷 UX 过程是指一个在过程中通过每次交付小块完整的 UX 设计来管控过程中的变化。

虽然本书大部分内容也适用于非敏捷的 UX 生命周期过程，但我们打算完全围绕敏捷 UX 来展开讨论。不过，正如很快就会看到的那样，取决于多种因素以及自己在总体过程中的位置，这可能意味着许多东西。在第 4 章和第 29 章，我们会完整讲述这在实践中意味着什么。

2.5.2　挪用方法和技术的思路

UX 设计方法有很多。"人机交互多的是各种方法及其基本支撑理论"(Harrison, Back, & Tatar, 2006)。如何才能弄清楚自己的项目需要什么呢？

在我们这本教科书一样的书中或者在 UX 设计课程中，通常的做法是作者或导师以方法为导向，列出他 / 她最喜欢的 UX 方法，并说明原因。在本书中，我们认为更有意义的做法是先考虑设计情况 (特别是正在设计的产品或系统)，再根据目标和预期结果来讨论如何挪用能实现它的方法。

合理挪用设计方法，这个思路来自 Harrison and Tatar (2011)，也就是针对具体设计情况修改和调整已经学到手的"标准"方法，把它们变成自己的方法 (挪用它们)。

这种"方法之方法"(method of methods) 的思路从某个层面上说相当简单，以至于很容易被大量关于 UX 设计方法的文献忽略。但这一思路也是强大而重要的，尤其是在设计的教学方面，无论是对于新学生，还是对于有经验的从业者。

1. 设计场景：用于对生命周期活动、方法和技术抉择进行管理的依赖关系

Harrison and Tatar(2011) 将设计情况 (design situation) 描述为设计方法的实际应用 (applied) 或挪用 (appropriated) 环境。"设计情况"是一个很好的概括性术语 (即 umbrella term)，因其包括目标产品或系统以及项目及其所有背景 ## 如产品或系统的类型、客户、用户、市场、主题领域 (及其复

杂性和设计师对它的熟悉程度) 以及项目团队 (及其能力、技能和经验)。

2. 选择方法和技术

每当需要为一个生命周期活动进行设计时，都可以从一组方法和技术做出选择。例如，假定需要选择一种方法来进行"理解需求"生命周期活动。这些方法中最流行的是"使用研究"，即通过采访并观察真实用户的方式来理解其工作活动 (本书第 II 部分)。

早期对方法和技术的选择制约着后期的选择。早期对方法和技术的选择可以通过建议、消除或强制后续对方法和技术的选择来限制后期的选择。

例如，在特定情况下用什么方法和技术来进行数据分析，将取决于手上有什么样的数据以及数据的收集方式。

3. 将项目参数映射到生命周期的活动、方法和技术选择

图 2.6 展示了从项目参数映射到 UX 方法的各种可能的选择。虽然有一些常规准则可以用来进行这些映射选择，但项目团队还是必须得微调，特别是项目经理或产品负责人 (负责产品成功和追求商业目标的人，5.4.1.5 节)，其中大部分映射关系都很直观和直接。

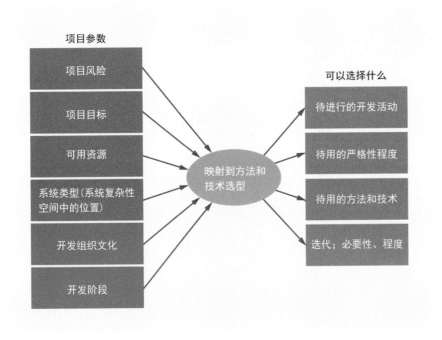

图 2.6
项目参数映射到敏捷 UX 方法

第 3 章

范围、严格性、复杂性和项目视角

本章重点

- 项目对严格性的要求
- 复杂性和风险规避对严格性要求的影响
- 交付范围

3.1 导言

介绍 UX 生命周期活动之前，首先让我们讨论一下定义设计场景下的几个参数及其对生命周期选择的影响。

严格性和范围：决定过程选择的项目参数

任何设计场景都需要做出选择。即使是在敏捷 UX 过程中，也没有一种 UX 生命周期活动或方法普遍适用于所有的情景。UX 设计师的职责是针对具体的项目条件 (2.5.2 节) 采用 (adopt) 和调整 (adapt)UX 生命周期活动、方法和技术。大多数高层次的过程选择取决于两个大决定性因素：严格性和范围。

3.2 UX 方法或过程中的严格性

3.2.1 什么是严格性

UX 设计生命周期活动、方法或技术的严格性由执行所有步骤的正式性 (formality)、彻底性 (thoroughness)、精确性 (precision) 和准确性 (accuracy) 四大因素决定。它还涉及如何一丝不苟地维护和记录数据 (尤其是使用研究和 UX 评估数据) 的完整性和纯粹性。

- **完整性 (completeness)**。完整性意味着方法的彻底性，即是否全面覆盖了每一个步骤。完整性也应用于“使用研究”和“评估数据”。

这种对细节的关注有助于设计师触及所有的基础，填补所有的空白，确保不会遗漏任何功能 (functions) 或特性 (features)。

■ **纯粹性 (purity)**。纯结性意味着数据要尽可能准确；特别是指不允许混入新的、虚假的"数据"。例如，为了获得高的数据纯结性，设计师的见解或猜想应该用元数据来标记，以便于识别并和实际的用户输入区分开。

我们将用于维持数据完整性和纯洁性的方法称为"严格方法"。

示例：建房子时：对严格性的需求

以建房子为例，假定设计师 (建筑师) 在设计前的"理解需求"活动 (2.3.1 节) 的"数据抽取"过程中捕捉到一个数据项。在本例中，建筑师和潜在的房主交谈，了解到房主想在房子旁边安放一个全屋备用发电机。

后来，当建筑师在他的工作室里沉浸于设计情况以理解建筑的要求和限制时，他意识到需要核实发电机安放位置的约束。跑了一趟县建筑检查员办公室，他获得了关于备用发电机与房屋外缘和房屋煤气总管之间最小距离的必要信息。

采用低严格性的方法，这种约束只是作为一个简单的备注被记录下来，甚至只是留在设计师的头脑中："发电机需要离煤气管至少 1.2 米，离房子外墙至少 1.2 米。"而采用严格方法，会通过一个易于查询和回溯的结构来捕捉同样的约束以及所有相关元数据 (例如适用的安全规范或当地建筑惯例)。这个数据结构可能包含以下内容：

类型：外部约束

说明：任何带有引擎的外部设备，如备用发电机，应与所有附着在房屋地基上的建筑结构至少相距 1.2 米，包括露台、门廊、遮阳篷和无遮挡露台。

来源：Middleburg County building code VT-1872, page 42.

验证人：Ms. Jane Designer

记录日期：2016 年 6 月 13 日

如果只是随便建一座小房子，这种由于专一性和完整性而产生的严格性就不太有必要，但对于商业建筑项目，则可能非常重要，甚至可能是法律要求的。

3.2.2 复杂性对严格性需求的影响

1. 系统复杂性空间

不能用一套方法来设计全部系统，一个重要的原因在于，一系列的系统和产品类型，各自的风险程度不尽相同，因而对生命周期活动和方法提出的严格性需求也不同。本节和接下来几节将探讨此范围内的一些可能性。

图 3.1 展示了一个由交互复杂性和领域复杂性（参见后续两节）定义的系统复杂性空间。虽然肯定还有其他方法可以用来划分空间，但这种方法符合我们的目的。

系统复杂性空间
system complexity
space
由交互复杂性和领域复杂性维度定义的二维空间，用于描述具有不同风险程度的一系列系统和产品类型以及对生命周期活动和方法严格性的需求 (3.2.2.1 节)。

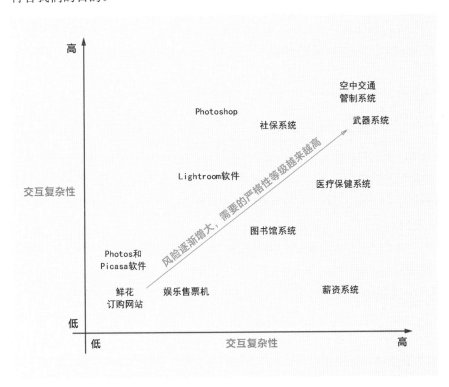

图 3.1
系统复杂性空间：交互复杂性对比领域复杂性

2. 交互复杂性

纵轴表示的是交互复杂性，是指用系统完成任务所需的用户行动的复杂程度或精细程度，其中包括认知行动的难度。

低交互复杂性通常对应于支持较小任务的系统，这些任务通常很容易完成，例如从网站上订购鲜花。高交互复杂性通常与较大和较难的任务有关，通常需要特殊的技能或培训，例如用 Adobe Photoshop(一种高级的图像和照片处理软件) 来处理彩色图片。

3. 领域复杂性

横轴表示的是工作领域的复杂性，它涉及相关工作领域的复杂度和技术本质（也许很深奥）。系统各部分在系统的生态中工作和交流时，其复杂和精细的程度构成了领域复杂性 (domain complexity)。

在领域复杂性高的系统中，用户的工作往往需要介导 (mediated) 和协作 (collaborative)。在复杂的工作流程中，会有很多"交接"，包含多种依赖关系和沟通渠道，还包含涉及各种工作规则、规定和例外。工作领域复杂性高的例子包括用于地震预测的地质断层分析系统、全球天气预报和完整的医疗保健系统。

低工作领域复杂性意味着系统在其生态中的工作方式相对简单，例子包括前面说的鲜花订购网站和一个简单的个人日历管理应用程序。

4. 系统复杂性空间象限

1. 简单交互，简单工作领域

最简单的象限位于图 3.1 的左下角，这里的交互和工作领域最不复杂。该象限包含较小网站、某些交互式应用程序和许多商业产品。不过，不能仅仅由于这是"简单－简单"象限，就意味着都是做的是些很简单的产品。该象限的产品仍然可能非常复杂。

这个世界有许多相对简单的系统。一些（但非全部）商业软件产品是领域简单和交互简单的，至少相对于其他类型的大型系统而言。这里还是拿鲜花订购网站说事儿，它是该象限的一个很好的例子。网站的交互非常简单；只有一个涉及几个选择的主要任务，工作就完成了。工作领域复杂性也相对简单，因为一次只涉及一个用户，所以工作流程几乎微不足道。移动设备上的许多应用（商业产品市场的一个重要部分）都是简单交互和简单领域。

虽然情感影响因素并不适用于该象限的每一个系统或产品，但情感影响在这里可能非常重要，尤其是美学或趣味，或者使用时产生的愉悦感。智能手机和个人 MP3 音乐播放器是该象限的商业产品典型代表，它们有情感影响问题，包括意义性（长期使用时的情感影响）。

由于该象限的系统和商业产品具有较低的复杂性，所以对严格性的要求通常也比较低。

生态
ecology

在 UX 设计的背景下，生态是指用户、产品或系统与之交互的整个世界的周边部分，包括网络、其他用户、设备和信息结构 (16.2.1 节)。

2. 复杂交互，复杂工作领域

沿着图 3.1 的对角线移到右上角的象限，那里是交互复杂和领域复杂的系统，这些系统通常既庞大，又复杂。

严肃系统。严肃系统 (serious system) 位于系统复杂性空间的最右上角。一个例子是空中交通管制系统，它用于决定进港航班的着陆顺序。这种系统具有巨大的领域和交互复杂性，在大量工作角色和用户类型之间，有很多工作流程和协作。该象限的另一个典型例子是全国社保系统。

对于大型的领域复杂系统，如军事武器系统，极有可能遇到创新的阻力。激进的设计并不总是受欢迎的，人们认为循规蹈矩更重要。某些情况下，用户和操作人员会按习惯进行操作，用已经学到的方法来执行任务，即使已经出现了更好的方法。必须谨慎对待工作实践的改变。

在系统复杂性空间中，这一"严肃系统"分支通常和情感影响因素 (如美学、趣味或使用时产生的愉悦感) 没什么关系。

企业系统。该象限还有一个很大的系统分支，即所谓的企业系统。我们在讨论可用性和用户体验时，经常会遗漏组织内使用的大型信息系统。Gillham(2014) 这样说："全球大多数大型企业都被锁定在某种企业技术中。不幸的是，这些系统不仅难以安装和维护，就连内部员工使用起来也有挑战。企业系统的风险如此之高，雪上加霜的是，用户体验竟然也很糟糕！"

对严格性的最高要求。领域复杂和交互复杂的象限，风险最高，因此也最需要严格管理风险的。这些项目的前提条件如下所示。

- 需要最严格地遵守法规。
- 使用时避免出错的重要性最高 (例如关键任务系统，包括空中交通控制或军事武器控制系统)。
- 不能冒出错的风险，而且失败的代价不可接受。
- 有相当严格的合同义务。

由于其庞大的规模和对严格过程的需求，这种系统通常最难设计和开发，也是最昂贵的。

3. 复杂交互，简单工作领域

在图 3.1 的左上象限，即"中间"象限之一，是交互复杂和领域简单的系统。交互复杂系统的典型特征是有大量功能，导致大量和宽泛的复杂用户任务。老式数字手表 (不是智能手表) 是一个轻量级但很好的例子。它之所以存在交互复杂性，通常是因为要用寥寥几个按钮 (而且通常标注不清)

> **风险**
> **risk**
> 因为出错、功能或要求被遗漏或者结果未能满足用户需求而存在的危险性或可能性；因为未能满足遗留需求或未能符合法规或安全法规而存在的可能性 (3.2.4 节)。

工件模型
artifact model

表示用户如何将关键的有形物件（物理或电子形式的工作实践工件）作为个人工作实践中流程的一部分来使用、操作和分享（9.8 节）。

来完成大量的模式设置。虽然交互复杂，但工作领域仍然十分简单，主要就是让用户知道现在是什么时间。工作流程也微不足道，就是一个简单的系统生态中的一个工作角色集合。

在这个象限需要注意的是交互设计——众多的任务、屏幕布局、用户动作甚至还有隐喻。对于概念设计和详细交互设计的一致性和可用性，可能需要严格的正式评估。建模重点是任务（任务结构和任务交互模型），也许还包括工件模型。但是，对于工作角色、工作流程或第 9 章描述的其他大多数模型，则不会给予太多关注。

对于简单工作领域，无论交互的复杂性如何，"使用研究"很少能够给出新东西作为设计参考。所以，在"设计创建"之前对严格性的要求较低。但一旦开始"设计创建"，复杂的交互就需要仔细的系统性头脑风暴、构思和草图，再加上反复的评估和完善以及开始关注情感影响因素。

4. 简单交互，复杂工作领域

图 3.1 右下象限是另一个"中间"象限，这里是交互简单和领域复杂的系统。处于该象限的用户任务相当简单且很容易理解，所以不用太关注任务描述。在这个象限，用户主要需要理解自己的工作领域及其（通常很深奥的）工作实践。设计师需要进行严格的使用研究，专注于概念设计和用户模型，力求全面理解系统的工作方式。理解了这些之后，用户交互就相对简单了。为普通家庭准备的报税软件就是一个很好的例子，它的底层领域虽然很复杂，但数据的输入表格可简化为一个逐步执行的过程。

有的时候，图书馆管理系统（在图 3.1 靠近底部的中等工作领域复杂性区域）会落入简单交互、复杂工作领域这个象限。典型的图书馆系统交互复杂性较低，因为所有用户的任务和活动范围都是相当有限和直接的，任何一个用户任务的复杂性都很低。所以，对于图书馆系统，不需要对任务建模有太严格的要求。

但是，一个完整的图书馆系统有相当高的领域复杂性。图书馆系统的工作实践可能很深奥，大多数 UX 设计师对这一工作领域都不了解。例如，需要进行特别的训练，才能处理编目程序中极其重要且高度可控的细枝末节。所以，可能需要采取严格的方法来进行使用研究。

5. 系统复杂空间中的层次变化

一些系统或产品明显属于某一特定象限，但也有一些项目的象限边界比较模糊。例如，网站就可能属于多个象限，具体取决于是大型组织的内部网系统，是一个非常大的电子商务网站，还是只是一个分享照片的小网站。像打印机或摄像机这样的产品领域复杂性低但交互复杂性可能为中等。

医疗保健系统通常会跨越系统复杂性空间象限。小诊所内部可能相对简单。但是，整合了医疗仪器、健康记录数据库和病人账户的大型医疗系统的工作领域就相对复杂得多。同样，病房中使用的机器可以执行相当广泛的技术任务和活动，因而交互的复杂程度更高。

医疗保健领域还面临着更多的监管、文书和合规性问题以及法律和伦理要求，所有这些都导致了工作领域的复杂性较高和对 UX 生命周期活动和方法的要求更加严格。

3.2.3　领域熟悉度对严格性需求的影响

即使一个领域从绝对意义上说并不复杂，但假如 UX 设计师不熟悉，对他来说就会显得很复杂，至少一开始是这样。对目标领域的熟悉度是设计师理解设计问题的认知支架的一部分。为了达到这种领域熟悉度，最开始要使用严格性要求更高的 UX 方法。

建房子的例子 (3.2.1 节) 是我们所有人多少都有些熟悉的。现在考虑一个更加专业和深奥的领域，即投资组合分析和管理。如果设计师对这个领域不是很熟悉，就需要从用户和使用情况中捕捉尽可能多的细节，以便回过头去参考，进一步澄清或获得更多认识。

就我 (Pardha) 在这一领域的实践来看，我经常会遇到不熟悉的术语。有的时候，来自不同投资组合管理公司的用户会以不同的方式描述关于投资的不同实践和理念，导致我更难对该领域保持一致的理解。在与客户、用户和行业专家进行使用研究数据收集的过程中，为保持严谨，我们经常需要捕捉元数据 (比如谁说了什么以及他们在哪里工作)。这些细节很重要，以后分析时可以用来确定当时的场景。

3.2.4　风险规避对严格性需求的影响

风险 (risk) 是指因为出错、功能或要求被遗漏或者结果未能满足用户需求而存在的危险性或可能性，或者因为未能满足遗留需求或未能符合法规或安全规定而存在的可能性。

3.2.2.4 节已经暗示，选择 UX 设计生命周期活动和方法的严格性时，和目标相关的一个重要因素是规避风险。某些时候，不能正确进行 UX 设计会带来很高的风险，这通常要归因于对兼容遗留系统、法规或者安全规定的要求。遗留系统是指一种旧的过程、技术、计算机系统或应用程序，它早已过时，可能多年前就出现了维护难的问题。[①]

对风险的容忍度越低，就越需要对生命周期活动、方法和技术进行严格要求。当然，整个生命周期过程中严格性要求太高会增加完成的成本和时间。

1. 数据丢失风险

UX 设计过程最重要的数据损失是完整性的损失。由于速度和经济的原因，数据会被浓缩、汇总和以其他方式简化。可通过录制 (音频或视频) 用户访谈和观察的每个细节来避免数据损失。但是，转文本很繁琐，成本也很高，从各种噪音和不重要的言语中分离出大量文字，这样做基本上不值得。

所以，用研人员通常只是做笔记，自己总结要点。虽然这在技术上带来了完整性的损失，但不一定会降低数据的质量或有用性。无论如何，原始数据通常都需要一个抽象的步骤来以去除不相关的细节并突出重要的内容。但是，这个抽象过程也可能做得太过。可能因为偷懒、粗心或花的时间不够，你会失去也许过程后期很重要的数据。

2. 法律、安全和合规限制相关风险

空中交通管制系统、医疗保健 / 医疗记录系统以及金融系统都有公共安全风险方面的法律要求，对此，必须要认真对待。为金融业设计产品时，需要一个过程来说明使用产品所涉及的业务过程是否符合当地法规。UX 生命周期活动和方法要考虑到充分的严格性，以确保 (甚至可能要证明) 该系统符合所有这些合规性检查。

3.2.5　项目开发阶段对严格性需求的影响

项目开发阶段是另一个决定严格性需求的因素。所有项目随着时间的推移会经历不同的"阶段"。无论基于其他项目参数选择了什么方法，严格程度的适当程度及其对应的、为生命周期活动选择的 UX 方法和技术会随着项目在这些开发阶段的演变而变化。例如，早期阶段可能需要强烈关注严格的使用研究，尽可能多获得与用户、使用和领域相关的知识。

但早期阶段可能很少强调严格的评估。将大量资源花在早期评估上可能是一种浪费，因为设计还在波动中，没有敲定。对于早期阶段，使用轻量级、

---

① 　https://en.wikipedia.org/wiki/Legacy_system

快速、频繁的评估方法可能更好。例如，为了评估一个早期的概念设计，可能会选择执行快速设计审查。

在以后的评估阶段，为了完善一个现在稳定的设计，可能会转向对低保真度原型的用户体验进行检查，并最终转向使用高保真度原型的更严格的基于实验室的测试，增加每个步骤中需要保留的数据量和质量。追踪这些额外的数据需要更严格。

在之后的评估阶段，为了完善一个现在已经稳定下来的设计，可能转向对低保真度原型进行 UX 检查，并最终转向使用高保真度原型的更严格的基于实验室的测试，每一步都逐渐增大需保留的数据量并提高数据质量。追踪这些额外的数据需要更严格。

检查
inspection
一种分析评估方法，UX 专家通过观察或尝试来评估交互设计，有时是在一套抽象的设计准则背景下进行。评估人员既是参与者的代理人，也是观察者，他们要思考什么会对用户造成问题并就预测的 UX 问题给出专业意见 (25.4 节)。

3.2.6　项目资源：预算、日程表和 / 或人员能力是严格性的决定因素

追求更高的严格程度，既花钱，又花精力。有限的预算和紧张的日程表制约了对生命周期活动和方法的选择，还制约了能达到怎样的严格程度。

另一种重要资源是人力。当前有多少人，他们能在项目团队担任什么角色，他们能给项目带来什么 UX 技能、经验和培训？

经验丰富和老练的 UX 专家可能不太需要正规的严格性要求，例如全面的使用研究或详细的 UX 评估目的 (goal) 和目标 (target)。对于这些有经验的 UX 专家，他们几乎已经能用自己已经掌握的知识和敏锐的直觉完成所有事情，刻板遵循过程并不能带来什么好处。

3.2.7　提高生命周期活动、方法和技术的速度

虽然有些方法本质上比其他方法更严格——例如，与检查方法相比，基于实验室的评估更严格——但必须注意，任何方法都可以在一个严格程度的范围内执行。应用更严格的评估方法 (或任何方法) 可获得更完整、更准确的结果，但会花费的时间更多和成本更高。同理，如果走捷径，通常可以提高几乎任何 UX 评估方法的速度并降低成本，但代价是降低严格性要求。

1. 并非所有项目都需要严格的 UX 方法

对于许多项目，从商业产品的视角 (往往还从企业系统的视角) 来看，过于严格是没有必要的，得不偿失，或者在有限的项目资源下根本不可能。

产品视角
product perspective

一种设计视角，其设计目标是用户为私人使用而购买的个人物品（消费产品），比如设备或软件应用。产品视角是一种消费者视角 (3.4.1 节)。

企业系统视角
enterprise system perspective

一种设计视角，其设计目标是大型组织信息系统 (3.4.2 节)。

相应地，不那么严格的 UX 方法和技术已经在文献和实践中发展起来，它们速度更快，成本更低，但仍然能从付出的努力和可用的资源中获得良好的结果。

2. 快速方法是一种自然的结果

当不需要更高的严格性时，放宽要求来开展工作的意义在于减少生命周期的成本和时间。大多数时候，可通过缩减"标准"版严格方法和技术来降低严格性，这意味着走捷径，跳过不必要的步骤，只保留最重要的数据。或者可以使用快速的替代方法，由此可见，这些方法本质上就是不太严格的。

3. 我们对严格性的需求随时间而减少

另一个因素是，UX 实践已经非常成熟，技术已经变得更好。所以，在大多数常见的 UX 情境中，我们不需要那么严格和彻底。缓慢而繁琐的严苛过程已经作为一种例外被放弃。罕见的需要都严苛过程的项目和有阐述了做什么和如何实现的规范。现在，每个生命周期活动的"标准"方法都是"常规"的，结合了一般意义上的严格性和一些明显高效的方法。

4. 快速性原则：尽可能快地工作

无论其他因素如何，都应该寻求以最快的方法来做事情。对生命周期活动、方法和技术的所有选择，都有一个基本原则：在不违背项目目标和严格性需求的前提下，尽快去做。Ries(Adler, 2011) 说，不要以为慢速谨慎地工作就能得到更好的产品并有望通过这个过程来解决问题。UX(用户体验) 和 SE(软件工程) 的敏捷方法已经证明，这纯粹是一种误解。

经济和轻量级现在已经是设计师的一种生活方式，也是敏捷过程基础的一部分 (参见下一节)。即使需要一个严格的方法，也应该只是在做聪明的选择时自然而然地去做，而不是浪费时间或资源去做那些对最终设计没有真正贡献的事情。例如，假定一个或多个模型 (第 9 章) 对项目来说并非必不可少，就可以拿掉这些模型先执行一个不太严格的方法。

3.3   交付范围

我们使用"范围"一词来指代目标系统或产品在每个迭代或冲刺阶段如何按部分分块交付给敏捷实现。UX 角色将他们的设计以一定规模的"块"的形式交付给 SE 人员，SE 角色将 UX 设计块作为代码规范来使用，然后以块的形式实现功能软件 (可能是另一种大小)，并交付给客户和用户。

在大范围内，块由多个功能 (甚至系统的大部分) 组成。在小范围内，也就是"敏捷性"的代名词，块每次都通常只包含一个功能。即使是大型和复杂的企业系统，如今也在敏捷软件开发过程中采取小范围方式开发。作为 UX 设计师，我们总是在敏捷 UX 过程中以小范围、块的方式交付设计。

然而，一些早期的 UX 设计工作 (例如建立概念设计) 可能需要一个更大的范围。当然，大范围确实提供了一个很好的结构，让我们可以用来描述 UX 生命周期活动。

示例：建房子时的大小范围

回到我们熟悉的例子，即设计和建造房子。这里用简单的术语说明对大范围和小范围的权衡。整个房子完成并交付使用时，定制房屋的设计师应该已经解决了一系列的用户需求和问题，如下所示：

- 要支持的用户生活方式
- 用户的喜好、规格和要求
- 住户的工作流程
- 划片区和其他外部限制
- 房屋的生态 (环境、邻里)
- 用户 / 业主的价值观 (效率、绿色、足迹)
- 风格 (现代、西班牙)

以下是范围对房屋设计和建造的影响：

- 大范围：先设计整个房子，在交付给客户之前全部建成
- 小范围：先设计一个房间 (例如厨房)，建造它，交付给客户，再设计另一个房间，例如客厅，以此类推。每次都交付已完成的"增量"，直到整栋房子完工

大范围。通常，若采用大范围方法，出于成本的考虑，大部分施工以"流水线"的方式进行。地基施工人员开始施工，然后框架施工人员开始干活。然后再把电工找来，为整栋房子布线。再把水管工找来，在整个房子里安装水管。再把泥瓦工找来并把所有内墙都砌起来等。

小范围。考虑到实际，小范围的方法不适合用于房屋建造，但我们来探讨一下这种可能性，看看可能需要做出什么取舍。假定房子是为一个古怪的 (和富有的) 软件工程师设计和建造的，他想做一个实验，看看小范围的方法是否也能用于房屋建造。和软件的情况一样，必须先建立一些基础

设施来支持即将合并进来的递增功能。在软件中，这可能是操作系统和其他软件服务的重要部分，其中每个功能都会被调用。建房子时，这将是打地基、建立框架和建立各房间共享的基础设施 (例如，电力系统的主断路器盒)。无论如何，这些都需要先做好。

　　然后，客户 (冒险的软件工程师) 要求在两周内"交付"一项功能 (例如厨房)。仅仅为了一个厨房，电路、管道、内墙、木工、油漆等都要完工。交付后，客户出现，甚至可能用厨房做一下饭，然后给出反馈。可以从这些反馈中学到一些能用于完成后续房间的东西。

　　然后，必须把所有工人都叫回来，开始完成下一个房间要求他们做的工作。这大大增加了成本，时间也延误了。这也会使承包商发疯的。因此，如果想把这作为一个实验，就必须付出更多。所以，虽然小范围的方法在 UX 和软件工程中是有效和高效的，但并不适合用来建房子。

3.4　商业产品视角和企业系统视角

　　本章大部分内容都是关于过程参数的，比如严格性、范围和复杂性。影响 UX 设计方法的另一个因素是角度，是来自商业产品视角还是企业系统视角。很明显，设计智能手机所用的方法并不适合用于设计一个庞大的企业资源管理系统。

3.4.1　商业产品视角

　　我们用"商业产品视角"(简称"产品视角") 来描述：设计的目标是个人物品 (消费产品)，比如设备或软件应用，用户购买后供私人使用。产品视角是一种消费者视角。

　　一个产品仍然可能涉及多个用户 (例如音乐分享) 和多种活动 (例如购买音乐和组织音乐等)。这些情况可以被认为是产品视角下的小系统；例如，连接到云端的一个教育和娱乐设备网络。

1. 单用户产品

　　单用户产品设计视角的使用场景一般相当狭窄和简单。例如，单人游戏、个人日历应用程序、便携式音乐播放器和智能手机。

　　但是，单用户产品不一定就是孤立使用的单一应用程序。多个应用程序可以在一个网络中通信以支持用户使用产品来进行的活动。例如，日历、联系人列表和电子邮件可以协作使用。

基于活动的交互
activity-based
interaction

在一个或多个任务线，即一组 (可能要按顺序) 多个、重叠和相关任务的背景下发生的交互。这种交互通常涉及生态中的多个设备 (1.6.2 节和 14.2.6.4 节)。

2. 多用户协作产品

多用户产品在某种程度上类似于企业系统视角下的系统，使用过程涉及多个用户和参与者，这些人员要执行多个活动。另外，可能有信息甚至使用性工件的流动。但是，两者的环境是不同的。有别于企业系统视角下的组织和组织目标，多用户产品视角下的环境更像是一个有自己目标的用户社区，可以合作，也可以竞争。例子包括所有家庭成员都用自己的智能手机分享音乐以及与 Amazon Echo 这样的客厅智能设备进行交互。

3.4.2 企业系统视角

我们使用"企业系统视角"这个术语来指代这样的情况：工作实践涉及多个用户和参与者，他们要执行多个活动，而且通常是在一个组织环境中。在这种视角下，工作实践的目标是推进组织的业务目标。在组织中，包含众多的、通常不大相同的系统用户角色，每个角色都要为总体工作目标的一部分做贡献。这些类型的产品通常不由单个用户拥有，在向用户展示时也不那么形象或自成一体。它们在某种程度上是抽象的，与使用它们的人是脱节的。

当然，有些项目的设计目标介于这两种视角之间。

我们目前已讨论了范围、严格性、复杂性及其对过程选择的影响。接着，我们准备讨论怎么做才能使 UX 生命周期在敏捷环境中发挥作用。为此，下一章将介绍 UX 设计的漏斗模型。

第 4 章

敏捷生命周期过程和敏捷 UX 的漏斗模型

本章重点

- 构建系统时的挑战
- 变化开始发生
- 变化造成现实需求和设计师的理解之间的差距
- 成功依赖于缩小这种差距并对变化做出响应
- 旧的瀑布式过程
- 拥抱敏捷生命周期过程
- 范围和分块是最重要的特征
- 敏捷性是分块的结果
- 敏捷用户体验
- 敏捷软件工程 (SE)
- 从理解和现实之间的分歧看待变化
- 敏捷用户体验的漏斗模型
- 后期漏斗活动：与 SE 冲刺同步。
- 早期漏斗活动：前期分析与设计

4.1 构建系统时的挑战

构建系统的时候，我们要面临 7 个挑战。

4.1.1 项目期间发生改变

1. 项目要求和参数的演变

如今，对于生命周期过程的许多讨论都涉及它们对变化的响应能力。为什么响应变化的能力如此重要？首先，软件工程 (和 UX 设计) 历史上或许最大的一个教训就是：变化不可避免。项目进行期间，大多数项目参数都会发生变化，具体如下所示：

- 系统需求
- 产品概念、愿景

- 系统架构
- 设计思路
- 可用技术

为简化讨论，我们将这组项目参数称为"需求"。下面列举了我们已知的事情。

- 技术是不断变化的；技术发展得越来越好，越来越快，而且会发生技术范式的转变——出现新产品，或者出现旧产品的新用途。
- 由于变化随时间推移而发生，所以可供评估的版本的交付时间越长，从原始需求到评估反馈之间，可能发生的变化就越多。
- 由于更大的范围意味着更长的交付时间，所以为了缓解变化所造成的影响，范围需要很小。

将此作为成功的先决条件来说明：

先决条件 1：在一个成功的项目中，范围需要很小，所以交付一个版本的时间有限。

2. 外部变化

外部世界的变化会对项目产生影响，具体如下：

- 当时可用的技术
- 客户的方向和重点 (可能是由于组织目标或市场因素的转变)

由于这些变化在过程的外部发生，所以我们几乎无法控制，但又必须做出响应。

4.1.2　看待这些变化的两个视角

1. 现实

变化的"现实"视角反映的是真实的变化，揭示了在项目中发生演变的"实际需求"。

2. 设计师对这些变化的理解

为简单起见，这里将用"设计师"一词代表 UX 设计师和整个团队，其中包括相关的 SE 角色。设计师对变化的视角反映了设计师对变化的理解、认识或感知，是评估反馈的结果。

4.1.3　不同视角之间的差距

在真实需求和设计师的需求视角之间存在一定差距。设计师对需求的视角通常在时间上滞后于现实，内容上也达不到现实，但一个成功的项目要求这种差距保持很小。

用另一个先决条件对此进行说明：

先决条件 2：在成功的项目中，现实 (真实需求) 和设计师的理解之间的差距需要保持很小。

先决条件 2 与先决条件 1 相互作用，因为更大的交付范围会导致更长的交付时间。耗时越久，需求变得就越厉害，差距就越大。

另外，由于最初的需求只是基于感知的需求，所以一开始就有差距，这使问题变得更复杂。

4.1.4　响应变化

设计师和整个团队在项目期间的变化应对能力取决于能否缩小真实需求和设计师对真实需求的理解之间的差距。换言之，取决于设计师对真实需求的变化理解得有多好。这关乎于对生命周期过程的选择，是本书的一个重要主题。

4.1.5　缩小差距

为缩小真实需求和设计师对真实需求的理解之间的差距，需在变化发生时 (也就是在项目参数发生演变时) 更新设计师的理解。而为了更新设计师的理解，需要通过过程中的反馈来进行学习 (下一节)。

4.1.6　只能通过实际使用情况确定需求

感知到的需求是通过对使用情况进行设想来描述的。相比之下，跟踪变化从而理解真实需求的能力则依赖于从真实的使用反馈中学习。将此作为另一个先决条件：

先决条件 3：来自实际使用的反馈是了解真实需求的唯一途径。

真正用了系统之后，才知道真正的需求是什么。但是，这当然就出现了一个两难的局面：你不能在不知道需求的情况下建个系统来尝试。

这个两难的局面必须由一个能处理连续变化的生命周期过程来解决。但这还不够。你的生命周期过程不只是要处理变化；它必须将变化作为过程的一个操作层面上的特性，它必须将不断的变化视为在整个过程中都要学习的必要机制 (Dubberly & Evenson, 2011)。

这意味着生命周期过程要在整个系统建立之前就需求提供反馈，并就实际使用时的每一步提供反馈，这是学习情况如何变化的关键。

4.1.7 沟通需求反馈

即使到目前为止的所有先决条件都得到了满足，但如果在反馈的沟通上存在问题，将用户的想法转移到设计师那里时出现了偏差，那么仍然会对项目的成功造成阻碍。

用户侧的沟通问题

依靠用户来告诉你一个系统有什么问题并不总是可靠的，因为用户有如下几种可能：

- 不一定对技术和整个系统有了解。
- 可能难以在自己的头脑中组织问题 (例如，无法从问题实例的细节中抽象)。
- 可能缺乏对需求反馈的表达能力。
- 可能会根据他们认为自己想要的东西来提供反馈。
- 对系统的某些方面有偏见。

而且，即使用户理解并表达了良好的需求，设计师也可能出现误解，这是书面和口头交流时的常见问题。

我们用另一个先决条件对此进行总结：

先决条件 4：在成功的项目中，关于需求的反馈必须得到有效沟通。

4.2 以前的瀑布式 SE 生命周期过程

最初的瀑布式过程是在前消费时代开发的，当时大多数系统都是大型企业系统，用户经过训练后使用一个系统来达到特定的业务目标。当时的系统开发确实没有考虑到可用性或用户体验。

4.2.1 瀑布式过程是 SE 早期对组织化的一种尝试

瀑布过程 (waterfall process) 最初称为瀑布模型 (Royce, 1970)，是最早的正式软件工程生命周期过程之一。瀑布过程是将生命周期活动放在一起以构

成 SE 生命周期过程的最简单 (至少在形式上) 的方式之一。之所以为过程取
了这个名字，是因为它被描述为一个有序的、本质上线性的阶段 (生命周期
活动) 序列，每个阶段都像瀑布的层级一样从一个流向下一个 (参见图 4.1)。

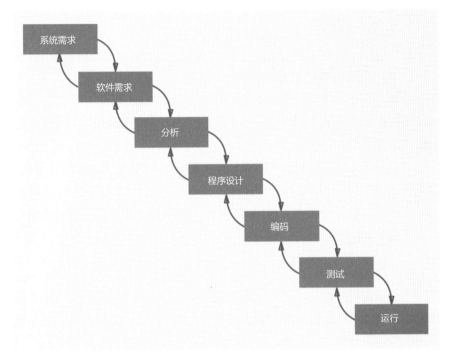

图 4.1
瀑布模型中的阶段从一个
流向下一个 (改编自 Royce,
1970)

　　瀑布过程的目标是一次性交付整个系统。它解决了更早之前"狂野西部"
软件开发方法所存在的问题，显得有条理和严谨。但是，当时构建的大多
是大型企业或政府系统。由于范围大到极致，所以瀑布过程同时也是缓慢、
繁琐和无法管理的，对变化的响应也不是很灵敏。
　　6.5 节将进一步描述瀑布模型是如何开始的。

4.2.2　瀑布过程确实有一些反馈，但不是正确的类型

1. 阶段性工作产品的验证和校验

　　在整个系统交付之前，瀑布过程并不是完全缺乏反馈。为了引入正式
的评估机制，软件开发人员在每个阶段结束时都会以验证和校验 ("V 和 V"，
即 verification and validation) 的形式加入评估 (Lewis, 1992)。验证的目的是
核实软件符合规范，而校验的目的是确保软件达到其目标。"V 和 V"定
期向用户求证，看需求是否仍然"有效"且处于正轨，因而还是起到了一
定的作用。

2. 但这还不够

虽然"V 和 V"在每个阶段后都集成了一些客户反馈,但其跟踪现实变化的能力有限,这是因为反馈具有以下特征。

- 在一个大的范围水平上。
- 只发生在每个大阶段结束时。
- 是基于分析性的现实检查,而不是真正的实践使用数据 (因为除非生命周期结束并交付整个系统,否则没有系统可用)。

反馈存在的上述问题意味着瀑布过程未能满足先决条件 3(需要基于实际使用情况的反馈),因为它是一个全范围的过程,直到最后才有可能获得实际使用情况。

更糟的是,瀑布过程也没有满足先决条件 1(需要限制交付时间) 和先决条件 2(现实和设计师的理解之间的差距要小),因为全范围的系统需要很长时间来构建,所以在任何反馈发生之前,会有大量变化发生,导致与现实的差距变得非常大。

3. 即使发现了变化,也因为成本太高而无法得到解决

每个阶段结束时会不可避免地发现问题,但这时再去修复整个系统就很昂贵了。在后期阶段发现的新需求会引发昂贵的返工,因为它们会使前几个阶段的交付物变得无效。当时的研究表明,在实现过程中发现的问题比在需求过程中发现的问题的修复成本要高很多倍。虽然阶段性的交付物并不是真正的系统,但由于那是他们唯一可以调整的东西,所以大量资源被投入到对这些问题的纠正上。即使一切都根据新的发现进行了修正,但瀑布过程仍然不能满足先决条件 3(反馈必须要基于实际的使用情况)。

4. 反馈和用户需求脱节

另外,瀑布过程中得到的反馈往往不能满足先决条件 4(准确传达用户反馈),因为当时的重点是系统而不是用户。"V 和 V"使用户有机会审查新兴的系统设计 (emerging system design),从而在一定程度上解决了沟通问题,但 SE 的人会从系统的角度出发,把注意力放在"幕后"的问题上。而这些新兴的系统设计工件往往过于技术和抽象,用户不太好理解。

5. 底线

总之,由于瀑布式生命周期过程代表了大范围批次生产的极致,而不是增量的结果,所以它无法生成足够的反馈,不能很好地应对变化。由于

范围大，用户和客户在项目通过全部生命周期阶段之前几乎看不到实际的产品或系统。而到那时，许多事情都已发生了变化，但在瀑布模型的生命周期中，并没有机会了解这些变化，也没有机会沿途作出响应。这意味着 UX 和 SE 人员必须在每个生命周期的活动中非常努力和严格地工作，以尽量减少问题和错误的出现，这使其成为一个缓慢而费力的过程。

这个时代的文化是，产品或系统的保质期很长，因为改变太难了。不过，所有这些对团队来说都不是问题，因为他们正准备解散，去完成其他任务。但当然，对于客户和用户来说，这是一个不同的 (更悲惨的) 故事：目标没有达到，一些需求是错误的，其他的需求没有得到满足，系统有严重的可用性问题，最终的交付物没有满足其预期的目的。

6.6 节将进一步讲述筒仓 (silo)、围墙 (wall) 和边界 (boundary) 以及瀑布模型生命周期过程的缺点。

4.3　拥抱敏捷生命周期过程

敏捷生命周期过程 (UX 或 SE) 是一种小范围的方法，其中所有生命周期活动都针对产品或系统的一个特性执行，然后为下一个特性重复生命周期。敏捷过程由作为功能的用户故事而不是由抽象的系统需求来驱动，其特点是小而快的版本交付，以提早获得使用反馈。

由于上一节讨论的瀑布过程所存在的问题，对 SE 其他替代过程的探索导致了敏捷 SE 的想法。在瀑布过程中，是针对整个产品或系统执行每个生命周期活动。而在敏捷生命周期过程中，是针对产品或系统的一个特性执行所有生命周期活动，再为下一个特性重复该生命周期。

敏捷过程的特点是快速，涉及多次迭代，并能灵活响应变化。这很自然，因为"敏捷"一词本身就意味着灵活应对。

敏捷过程满足了如下所示全部先决条件。

- 先决条件 1(在一个成功的项目中，范围需要很小，所以交付一个版本的时间有限)。敏捷过程能相对快速地交付第一块 (first chunk)，因其只需较少的时间来实现。

- 先决条件 2(在成功的项目中，现实 [真实需求] 和设计师的理解之间的差距需要保持很小) 和先决条件 3(来自实际使用的反馈是了解真实需求的唯一途径)。敏捷过程通过交付客户能实际使用的小块，从而弥合了感知需求和真实需求之间的差距。

敏捷软件工程
agile software
engineering

软件实现的一种生命周期过程方法，涉及频繁交付小范围的、可工作和可使用的版本，可对这些小版本进行评估以获得反馈 (29.2 节)。

■ 先决条件 4(在成功的项目中，关于需求的反馈必须得到有效沟通)。
敏捷过程的特点如下。

☐ 将需求表达为 "功能的用户故事"，而不是表达为 "抽象的系统需求"。

☐ 是为可管理的一项项小功能讲故事，而不是为整个系统。

另外，当敏捷过程出现时，系统开发世界正在逐渐接受更小、更不复杂的系统。虽然瀑布时代的一些大型企业或政府系统仍在开发，但开发正在向小型和不太复杂的消费者应用倾斜。所以，敏捷过程可以说是应运而生。

4.3.1　范围和分块是获得真实使用反馈的关键

分块 (chunking) 是将产品或系统的需求分成若干小组，每组对应一个版本，通常以准备实现的某个特性为基础，需执行一组与该特性相关的任务。

在软件工程从瀑布过程的过渡中，为过程的每次迭代将特性划分为一个小范围，是获得反馈以跟踪实际使用中发生的变化的关键。

改编自《极限编程》一书 (Beck, 1999) 的图 4.2 可使我们对敏捷方法中真正的小范围有一个直观的概念。如图所示，瀑布过程每次都对整个系统的生命周期活动进行一次大的通过。迭代方法则是朝更小 (但仍然相当大) 的块前进一步，结果是多次 "走通"。但是，直到我们对非常小的块进行大量频繁的迭代，才会看清楚敏捷方法的真正本质——敏捷。

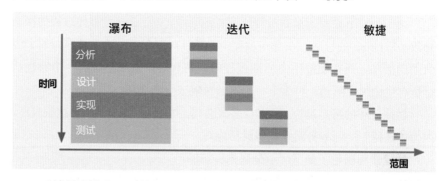

图 4.2 对比交付物在瀑布、迭代和敏捷过程中的范围和规模，[经许可改编自 Beck(1999, Fig. 1)]

《精益创业》一书 (Ries, 2011) 中称，敏捷也许是成功的产品开发中最重要的一件事。这与聪明的想法、技术、高瞻远瞩的眼光、良好的时机甚至运气都没有太大关系。相反，要有一个 "能随时适应情况的过程" (process for adapting to situations as they reveal themselves)。精益用户体验 (lean UX) 是敏捷 UX 的一个变种，其重点是每次冲刺 (sprint) 都生成一个最简可行产品 (Minimum Viable Product，MVP)。

分块
chunking

将产品或系统的需求分成若干小组，每组对应一个版本 (release)，通常以准备实现的某个特性 (feature) 为基础，需执行一组与该特性相关的任务 (4.3.1 节)。

在敏捷软件工程过程中，冲刺是敏捷 SE 日程表中一个相对较短的时期（不超过一个月，通常更短），要在这个时期实现"一个可用而且也许能发布的产品增量"[①]。"每个冲刺都要有一个要构建什么的目标，一个设计，一个为构建提供指导的灵活计划，具体工作，以及最终的产品增量。"冲刺是敏捷 SE 环境中完成的基本工作单位。简单地说，它是与一个发布（给客户和/或用户）关联在一起的迭代。

为此，敏捷 SE 过程每次迭代都向客户和/或用户提供有意义的、小范围的产品或系统功能块以及能实际工作的软件特性。这就避免了在一条无益的路上走了很久之后才发现问题并进行路线修正。通过不断缩小感知需求和实际需求之间的差距，敏捷过程完美满足了先决条件 2。

4.3.2　UX 这一侧总有一种无需分块的敏捷方法

频繁的迭代、反馈、学习以及对变化的响应能力也一直是 UX 的重要目标。事实上，UX 设计学科正是以这些基本原则为基础建立的。在 UX 中，我们不需要做分块的动作就能实现它们。

为了满足先决条件 1，我们使用快速原型来缩短从构想 (conception) 到反馈的时间。

至于先决条件 2，有许多方式可将用户和设计师在理解上的差距保持得很小。我们所有模型和工作产品都由客户运行。我们让用户参与设计的构思 (ideation) 和草图绘制。我们使用低保真原型进行早期和频繁的评估。换句话说，我们可在大范围的级别上模拟用户体验并从中学习，同时不必构建真实的系统。另外，在 UX 中，用户反馈通常不是一次寻求一个特性。使用大范围的自上而下的方法，可以更好地实现高质量的用户体验，并对其进行更全面的评估。

UX 过程满足先决条件 3 的方式是通过原型来模拟真实使用。

最后，我们通过参与式设计 (participatory design) 来满足先决条件 4（就需求反馈进行沟通）。此外，我们所有的工件都和使用以及用户的担忧有关，而不是关于系统。

> **参与式设计**
> **participatory design**
> UX 设计的民主过程，所有利益相关方（例如，员工、合作伙伴、客户、市民、用户）都积极参与进来，帮助确保结果满足其需要且可用。它基于这样的论点：用户应参与他们将要使用的设计，所有利益相关方——包括（而且尤其是）用户——都向 UX 设计提供平等的输入（11.3.4 节）。

4.3.3　但 SE 就没有制作面向用户的原型的奢侈

在某种程度上，制作面向用户的原型对于 UX 人员来说比较容易。但 SE 一侧主要关心的是系统方面。所以，他们的工件是对于系统内部运作的

[①]　https://www.scrum.org/resources/what-is-a-sprint-in-scrum

描述，而且这些东西往往很抽象，有很强的技术性。

在 UX 这一侧，我们处理的是用户看到的和感觉到的东西。所以，我们很容易使用原型来模拟这些面向用户的方面，让用户真切体会到一个特定的设计概念。SE 人员做不出有意义的低保真模拟。在前敏捷 (preagile) 时代，他们必须构建好整个工作系统，才能向用户展示一些东西。

公平地说，SE 领域确实尝试过快速原型设计 (Wasserman & Shewmake, 1982a, 1982b)，只是它从未成为其经典过程模型的一部分。

4.3.4　而且 SE 本来就不是那么在乎用户

在使用敏捷过程之前，SE 人员并不以和用户一起讨论对系统的设想而闻名 (其实只需几张草图或几个模型)。他们没有和用户在产品上的接触点，没办法让用户对解决方案有深入的理解。

相反，历史上的 SE 人员专注于过程和技术问题，例如代码的结构、对代码的理解和代码的可重用性。他们寻求的是如何事情有利于程序员而非最终用户。

现在，当他们发现能向人们交付能实际使用的块，并及时获得面向产品的反馈，他们的 "顿悟时刻" (aha moment)* 终于到来了。在软件工程 (SE) 开发领域，敏捷[1] 方法已迅速成为事实上的标准。

4.3.5　那么为何 UX 也要跟随 SE 采用敏捷方法

有一个实际的原因促使 UX 设计仍然可能必须分块交付给 SE 人员：以便与敏捷的 SE 一侧的冲刺同步。SE 人员是系统的构建者。即使我们一下子提供了整个系统的设计，他们也会分块构建。所以，作为一门学科，敏捷 UX 也相应地发展以适应这种开发模型。我们现在将 UX 设计分块交付给客户、用户、产品负责人和其他利益相关方以获得直接的反馈，我们将 UX 设计分块交付给 SE 人员以进行实现。

第 29 章会讲述敏捷 UX 与敏捷 SE 的联系，并进一步讨论敏捷过程的特点。

* 译注

这个表达是德国心理学家及现象学家卡尔·布勒大约在 100 多年前首创的，在思考过程中出现的一种特殊的愉悦的体验，特指突然而来的对之前不太明显的某一点顿时有了深入的认识。

---

[1]　在本书英文版中，SE(软件工程) 世界在说到"敏捷"(Agile) 时，一定会使用大写的"A"。但是，因为我们不想在 UX 的上下文中做出无关紧要的细微区别，所以不会神化这个概念，而是坚持使用小写"a"。

4.4　敏捷 UX 的漏斗模型

考虑到人们对 UX 设计师如何与敏捷 SE 过程配合存在一定困惑，我们创建了敏捷 UX 的所谓漏斗模型 (funnel model)，这是一种在与敏捷 SE 冲刺同步之前 (早期漏斗的总体概念设计) 和与 SE 同步之后 (后期漏斗的单独特性设计) 设想 UX 设计活动的方式。本书凡是提到"敏捷 UX"时，都是指在该模型中设定的敏捷 UX，这是贯穿全部过程相关章节的基础。

4.4.1　为什么需要新模型

敏捷 UX 将用户体验设计引入了敏捷 SE。但是，初期实现敏捷 UX 的方式存在以下问题。

- 敏捷被解释为"单纯意义上的快"(going fast)。
- 在冲刺阶段遵循敏捷 SE 流程，与 UX 的关注点存在根本的不匹配。

1. 太快也不行：快和敏捷不一样

有的时候，人们会将敏捷和快混为一谈。虽然敏捷过程通常都很快，但不是说快就有敏捷性。快只是说工作得更快；而敏捷的前提是以分块的方式设计和交付，这样就可以对通过使用而学到的新东西做出反应。

Arnowitz(2013, p. 76) 提醒我们，虽然敏捷过程几乎总是与速度联系在一起，但若只关注速度，几乎肯定会损害最终的用户体验质量。将速度置于一切之上是对快速转向压力的鲁莽反应，"事实证明，只需仅仅两三次迭代，就能创造出怪物一样的 UI。看看速度有可怕。"(Arnowitz, 2013, p.76) 打个比方，开车的时候如果迷了路，车开得再快也没有用。

2. 最大的问题：指望 UX 完全遵循敏捷 SE 流程

SE 世界基本上已经全面拥抱敏捷，UX 世界也在努力跟上。许多人认为敏捷 UX 工作流程应完全照搬敏捷 SE 流程以便与敏捷 SE 开发同步。所以，UX 团队也开始炮制"UX 设计块"。但是，一个好的 UX 设计是整体的、一致的和自洽的，而那些新的敏捷 UX 从业者还没有做好必要的前期工作来建立连贯的概览。而且，当他们与 SE 冲刺同步时，"设计"一下子就变得支离破碎。

Arnowitz (2013, p. 78) 说，敏捷过程通常倾向于实用，是对设计不利的环境。而设计是我们在 UX 中做的事情。由于和整体观对立，敏捷实践很容易造成碎片化。

我们缺少的是一种方法，让 UX 在与 SE 进入小范围的节奏之前做一些初步的大范围使用研究和概念设计。有一些文献涉及了这个问题，但大多是作为一种例外或特殊情况来讨论。下一节讲述敏捷 UX 的漏斗模型时，我们将展示如何在敏捷 UX 的主流视角中包含一些前期使用研究和设计。

4.4.2 介绍敏捷用户体验的漏斗模型

如图 4.3 所示，敏捷 UX 的漏斗模型有两个主要部分：左边是早期漏斗，右边是后期漏斗。

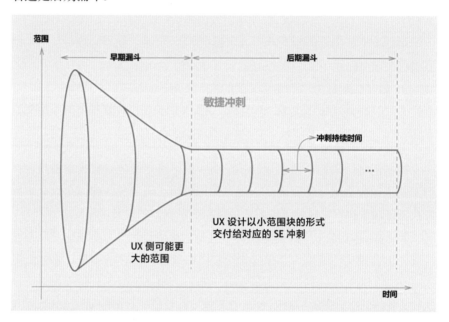

图 4.3
敏捷 UX 的漏斗模型

1. 漏斗模型中的范围

图中垂直维度是范围。漏斗上任何一点的直径越大（在图 4.3 的垂直维度上越高），代表那里的范围越大。而较小的直径意味着该点的范围较小。

图 4.3 展示了早期漏斗的范围比后期漏斗的范围大的典型情况。

2. 漏斗模型中的速度和严格性

图中的水平维度是时间，表示漏斗中的活动需要多长时间来完成。漏斗上画的条纹或区段直观地代表了每一次迭代或冲刺，其长度就是一次冲刺的持续时间，也意味着在一次特定的迭代中必须使用的方法和技术的速度。较长的冲刺通常对应较高的严格性，需要为这一次迭代提供更彻底、更细致的方法和技术（参见图 4.4）。

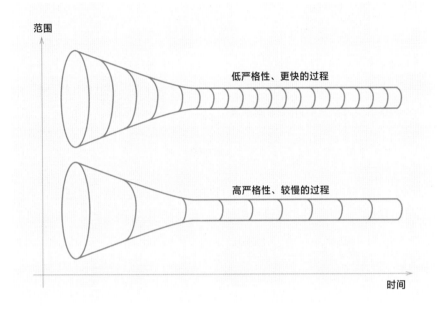

范围

低严格性、更快的过程

高严格性、较慢的过程

时间

图 4.4
对比漏斗模型中的"高速／低严格性"和"慢速／高严格性"

4.4.3 后期漏斗活动

后期漏斗，即图 4.3 右侧的"喷口"，是敏捷 UX 和敏捷 SE 过程同步进行的地方。在这里，UX 和 SE 侧的目标通常描述为小范围内的小块 (用漏斗喷口小的直径表示)，需要以一个相对较小的时间增量 (窄的冲刺持续时间条) 进行交付。

至少从理论上说，每个交付的软件块都要经过测试，直到它能够工作，然后才能与软件的其余部分集成。结果就是反复进行回归 (回顾) 测试，直到全部都能正常工作。我们的想法是能在每次迭代开始和结束时都有一些工作成果 (Constantine, 2002, p.3)。不断的、密切的 (但非正式的) 沟通会生成持续的反馈。

同步敏捷 UX 和敏捷 SE 冲刺

UX 团队提供一个设计块，SE 团队通过一连串的冲刺，连同对应的功能一起实现 (参见图 4.5)。

如图 4.5 所示，一旦敏捷 SE 进入通过冲刺以特性形式生成"块的实现"的节奏，敏捷 UX 就需要与敏捷 SE 保持同步，依次为每个特性提供 UX 设计。

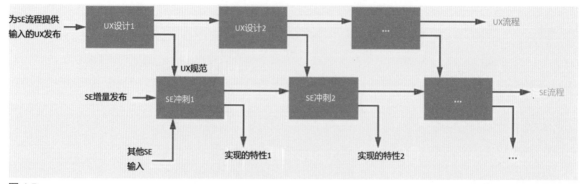

图 4.5
在后期漏斗流程中，敏捷
UX 和敏捷 SE 同步进行

每个 UX 设计框都包含一个迷你的 UX 生命周期，如图 4.6 所示。

我们将在第 29 章进一步讨论敏捷 UX 和敏捷 SE 过程之间的协调过程。

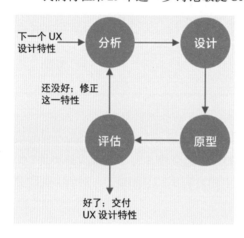

图 4.6
一次冲刺中的迷你敏捷 UX
生命周期过程

4.4.4　早期漏斗活动

在我们能在图 4.3 的同步后期漏斗流程中进行小范围的增量发布之前，必须先在早期漏斗中进行全范围的分析和设计。UX 必须从一个自上而下的视角开始新系统的设计，从而理解生态和需求，并建立一个概念设计。

这之所以成为 UX 的一项要求，是因为 UX 设计的性质。代码对用户来说是看不见的，UX 设计则不然。代码是可塑的，因其可在每个版本 (release 或称发布) 中进行结构化和重构。但如果像这样重做 UI 设计，用户会发疯。

这种前期的 UX 活动，即 4.4.1.2 节所描述的那个最大的问题的解决方案，有时称为"冲刺 0"(sprint 0)，因其位于后期漏斗的第一次冲刺之前，目的是建立以下要素。

- ▪ 一个概览，一个用于放置功能的骨架。
- ▪ 用于指导特性设计的一个坚实和连贯的概念设计。
- ▪ 一个初始的自上而下的设计。

这需要尽可能多的以下前期活动来理解需求和工作流程。

- ▪ 使用研究。
- ▪ 分析。
- ▪ 建模。

这种早期的漏斗工作将"UX 战略设计决策放在最前面，这才是属于它们的地方"(Arnowitz, 2013, p.78)。

下一节将探讨大范围早期漏斗情况的例子。

1. 建立概念设计的需求

概念设计是一个关于系统如何工作的高级模型或主题。作为一个框架，它帮助用户获得自己关于系统行为方式的心智模型。在任何负责设计和构建全新系统 (或一个混乱的现有系统的新版本) 的项目中，都需要在前期建立一个清晰的概念设计，将其作为连贯的总体 UX 设计的支架。概念设计本质上是一个大范围概念。如果在这个时候限定小范围，很可能导致支离破碎的概念设计。

建立概念设计后，UX 团队可在后期漏斗中转向小范围，以增量方式向 SE 一侧交付各个特性的详细 UX 设计。

示例：从头开发一款新的智能手机

假定当前的项目是创建一款全新的智能手机来与目前的市场领导者竞争。确定这需要一个全新的、创新的概念设计，比市场上现有选择更好、更令消费者兴奋的一个设计。

这个例子可能需要在早期漏斗中进行大量的大范围努力，从而创建一个完整的概念设计，设定智能手机的整体生态，并在前期创造一个连贯的设计。不先从 UX 一侧的大范围设计开始，就不可能设计出一个手机操作系统或者一个全新的面向消费者的应用程序。建立好一致的概念设计之后，项目就可以在后期漏斗中小范围地交付 UX 设计。

这个例子有趣的一点在于，即使 UX 和 SE 的角色在后期漏斗中最终步调一致，当他们一块接一块发布智能手机操作系统时，最终用户也可能看不到这些块。这是从频繁的客户发布中学习不一定奏效的案例，因为新款智能手机肯定不可能以分块的方式发布给用户。

生态
ecology

在 UX 设计的背景下，生态是指用户、产品或系统与之交互的整个世界的周边部分，包括网络、其他用户、设备和信息结构 (16.2.1 节)。

概念设计
conceptual design

一个主题、概念或思路，旨在传达系统或产品的设计愿景。它是系统设计的一部分，将设计师的心智模型带入生活并传达给用户 (15.3 节)。

自上而下的设计
top-down design

一种 UX 设计方法，从对工作活动 (work activities) 的抽象描述开始，剥离现有工作实践的信息，并致力于和当前观点和偏见 (perspectives and biases) 无关的一个最佳设计方案 (13.4 节)。

2. 低复杂性的小系统

低复杂性的小系统是使用大范围的一个例子，但原因不同——因为系统的复杂性低，所以能一次性处理。

在 UX 一侧，低复杂性的小系统采用小范围的方法通常没什么收益。所以，你事实上可在整个漏斗中使用大范围方法 (几乎整个漏斗的直径都和宽口直径一样)。系统规模不够大，就可能没有足够的 "管线" 或系统特性的广度或复杂性让 UX 团队将设计分为小范围的增量。换言之，系统的规模和复杂性可以很容易地在整个漏斗中以大范围处理，并以大范围交付给 SE 一侧，让他们在必要时将其分解为自己的小范围实现的特性。

3. SE 也需要一个漏斗模型

SE 一侧的人员也要做一些前期分析和设计 (至少是为了建立系统架构)。所以，事实上可能会有两个重叠的漏斗。

4. 漏斗早期和后期部分的联系

向后期漏斗的过渡是项目的关键点；它是 "关键时刻" (crunch time) 的开始，这时要进入状态并与敏捷 SE 人员同步。现在虽然进入了用户故事驱动设计迭代的时候，但在使用研究和建模中形成的深刻理解 (总体上) 为设计提供了参考。

第 5 章

过程序章

本章重点

- UX 过程、方法和技术如何随时间交织在一起
- UX 设计工作室
- 项目委托：项目如何开始？
- 关键 UX 角色
- 米德尔堡学院票务和新的售票机系统：贯穿全部过程章节的运行实例
- 产品概念说明：如何写简明扼要的产品概念说明

5.1 导言

这一章内容不较多是 UX 过程相关章节的序章，综合讨论了作为过程章节开场白的几个主题。

5.2 过程、方法和技术的交织

虽然我们用单独的章来介绍 UX 生命周期活动，从而每次都集中学习一个活动，但 UX 实践的现实是：UX 过程是一个由生命周期活动、方法和技术相互交织而成的结构。UX 设计活动并不按照一个既定的顺序进行，而是在这个过程中交织在一起，甚至会同时发生。

交织的例子

作为交织的一个例子，考虑"原型化"(prototyping) 这一重要的 UX 设计活动。首先，原型设计作为一个主要的生命周期活动，会专门用一章来介绍。但是，原型设计也是一种不可缺少的 UX 技术，它以许多不同的形式出现在许多不同的地方。原型是任何需要被评估的想法的具现 (tangible manifestation)。对于执行几乎任何活动的任何方法，都可以进行某种形式的

> **生命周期活动**
> lifecycle activity
>
> 你在 UX 生命周期在高层次上做的事情，包括理解用户需求、设计 UX 解决方案、对候选设计进行原型设计以及评估这些设计 (2.2.2 节)。

原型设计。

除了作为 UX 评估 (第 5 部分) 的平台，多个低保真度的快速原型——本书称为草图——也被用于构思 (ideation，一种头脑风暴，参见第 14 章) 过程中探索竞争的设计思路。

作为一个具体的例子，线框 (wireframe) 是一种重要的原型。快而糙 (quick and dirty) 的线框被用作探索设计思路的草图，是早期设计的一部分。完成的和详细的线框图被用来向利益相关方传达设计思路，并在第 17 章和第 18 章讲到交互设计和情感影响设计时用于实现。

5.2.1 活动时机

另一个实践偏离 "纯粹" 活动描述的领域是事情发生的时机。例如，当我们讨论如何抽取使用研究数据时 (观察和采访用户，第 7 章)，似乎所有用户访问都发生在一个连续的时间段内。但在实践中，这种情况很少发生。由于项目的各种限制因素的影响，包括日程安排、用户的可用性以及同时发生的多个不相关的项目，数据抽取 (data elicitation) 活动可能会在一段时间内断断续续发生。根据我们的经验，即使有一个庞大的研究和设计人员团队，也从来未能一次性完成全部数据抽取工作。我们不可能做出这样的安排。所以我们会从第一个用户开始，收集使用数据，开始一些早期建模和合成 (synthesis) 工作，甚至会做一些设计，同时等待下次用户访谈。下一次访谈后，我们会根据需要用新的数据更新模型和设计思路。

某些时候，我们甚至会完成一些早期设计和原型，并把它们带给日程表上较靠后的用户。如果在讨论数据抽取时谈到这些东西，就不得不在多个重叠的讨论中涵盖关于早期建模、设计构思、草图和早期线框图的内容。这会导致混乱，读者将难以理清头绪。

UX 评估的实践提出了另一个关于时机如何变化的例子。例如，我们在本书设计部分单独用一章讨论 "设计制作" (design production)。用户体验评估则在后面的章节讨论，但事实上，等到设计生成结束时，大部分形成性评估 (为完善设计而进行的评估) 通常也已经完成了。而在线框设计完成前，其他大多数类型的原型设计 (构建初步版本，第 20 章) 也已完成。如果是更贴近于现实的描述，会在设计生成结束之前就完成大部分关于评估和原型设计的讨论。下面是一个典型的实际活动序列。

- 和少数早期用户完成数据抽取。
- 对收集到的数据进行分析和建模。

线框
wireframe

交互视角下的屏幕或网页设计的可视模板，由线和框构成 (所以称为 "线框")。它表示了交互对象的布局，包括标签、菜单、按钮、对话框、显示屏和导航元素 (17.5 节)。

- 基于分析和新兴的模型，为生成式设计构思和绘制草图。
- 新兴设计的早期线框或原型。
- 从更多用户那里抽取数据：
    - 在数据抽取环节结束时，向用户展示新兴的设计思路和线框，以获得反馈。
- 用新的见解更新使用数据 (usage data) 模型和设计。
- 随着对新兴设计信心的增加，提高线框细节的保真度。
- 使用更严格的方法和更多的用户一起评估 (例如在 UX 实验室)。
- 用评估结果更新使用数据模型和设计。
- 设计生成并将设计移交给软件工程团队。

形成性评估
formative evaluation
一组诊断性的 UX 评估方法，主要使用了定性数据收集，目的是形成一个设计；换言之，为了发现和解决 UX 问题，从而对设计进行完善 (21.1.5 节)。

5.2.2　本书可以按这个顺序讲吗

如本书试图按发生顺序来说明这些平行和并发的活动流，就可能会出现大量重复。即使能容忍这种做法，其结果也是这里讲一点，那里讲到一点，无法在一个地方讲完整。这不利于理解过程的每一部分。

这就好比试图通过观察一个 UX 专家来学习整个过程，看到的是过程在重叠的片段中的展开。必须自行推断如何将其拼凑到一起。如果有什么变化，必须更新自己的理解。直到最后有了丰富的经验之后，才能看清楚大局。

为了解决这个问题并帮助读者进一步澄清，我们的过程章节主要按照 UX 设计活动来组织。但是，我们也会尝试说明这些活动在实际中是如何发生的。为此，我们也会做一些提前披露。例如，第 7 章讲述针对使用研究的数据抽取时，我们用一节的篇幅讲述了早期数据建模。其中提供足够的内容，让你理解数据建模如何与数据抽取同时开始。但是，并没有在这里讲述关于建模的一切，因为那会分散对数据抽取的注意力。

类似地，我们在生成式设计的一章 (UX 设计创建，第 14 章) 介绍了一些早期的线框设计，但将这个主题的完整内容保留到原型设计一章 (第 20 章)。我们也有一些早期的非正式评估内容，目的是演示我们如何评审 (critique) 这些早期线框。

5.2.3　读者需要有一个针对每个生命周期活动的"纯粹"的说明

为了清晰起见，我们认为读者必须从每个主要 UX 设计生命周期活动或多或少"纯粹"的描述开始，先不要分心去考虑它们如何交错进行。这并不符合"只向用户 / 读者提供必要信息"这一 UX 原则，但要想达到以下目标，只能这样：

- 一次只讲一个主题，促进沉浸感；
- 一个主题只讲一次，限制了内容重复；
- 有效帮助读者在进行某项 UX 活动时将本书作为参考。

一旦掌握这些知识模块，我们希望学生或从业者能在任何特定的设计情况或项目中，根据需要采用、调整和交错选择适当的方法和技术组合。

5.3 专属 UX 设计工作室是团队工作的根基

开始进行使用研究数据抽取之前，正好趁此机会介绍每个 UX 团队都不可缺少的根基：UX 设计工作室。

5.3.1 为什么需要 UX 设计工作室

UX 设计工作室的意义如下：

- 团队之家；
- 一个可以沉浸的地方；
- 一个共享的工作空间，用于集中办公和持续合作；
- 一个发布所有的工作以进行讨论和头脑风暴，从而将设计状态外化的地方。

正如 Bødker and Buur (2002) 所倡议的，每个 UX 团队都需要留出一个物理工作空间，即一个设计工作室，把它作为团队聚会和进行构思、个人工作、设计协作和其他小组工作的大本营。

在 UX 工作室，你的团队将沉浸于分析和设计的工件。一旦走进房间并关上门，就进入了设计的世界。世界上的其他地方及其干扰在这里神奇地消失了。这意味着你的整个团队要足够集中，以便几乎任何时候都可以在 UX 工作室会合 (Brown, 2008, p. 87)。

5.3.2 UX 设计工作室需要什么

好的设计工作室要有以下设施和用具：

- 舒适的座椅；
- 一张会议桌；
- 用于布置原型和其他设计工件的工作台；
- 用于集体草图的白板；

沉浸
immersion

对手头的问题进行深入思考和分析的一种方式，目的是在问题的背景下"生存"，并为问题的不同方面建立联系 (2.4.7 节)。

- 用于悬挂海报、图纸、图表和设计草图的宽敞的墙面空间；
- 一扇能关上的门；
- 共享的显示器，团队成员可通过自己的笔记本电脑展示工件；

5.3.3　专用空间

UX 设计工作室空间需要满足以下要求：

- 随时可用，无需预约；
- 允许所有工件在多次工作会议之间一直保持展示；
- 满足对频繁和即时沟通的不可预知的需求。

5.3.4　弗吉尼亚理工大学的工业设计工作室 Kiva

图 5.1 展示了一个协作式创意和设计工作室的例子，名为 Kiva，位于弗吉尼亚理工大学工业设计系。Kiva 最初由匹兹堡的 Maya Design 公司设计和开发，并经其允许在弗吉尼亚理工大学使用。

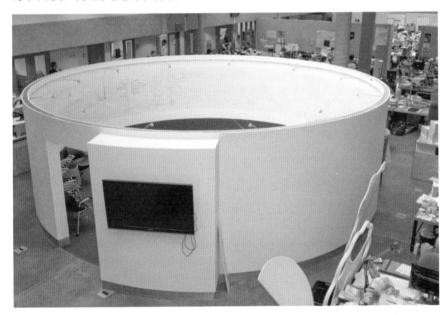

图 5.1
弗吉尼亚理工大学的创意和设计工作室 Kiva

Kiva 是一个圆柱形空间，设计师可在其中进行头脑风暴和草图设计，可以免受外界干扰。里面的空间足够大，可以摆放许多座椅和工作桌。内部墙面使用了金属涂层，作为一个包覆性白板，还可以容纳磁性"图钉"。外面的大屏幕显示器可以用来发布通知，包括工作空间的小组安排。

图 5.2 展示了 Kiva 外面的集中办公空间，个人和小组可以在这里沉浸式工作和协作。

图 5.2
个人和小组设计师工作区

5.4 项目委托：一个项目如何开始

所有的项目都有某个起点。项目由许多力量催生，包括市场策略、管理层命令、产品赞助商、系统客户、创造性的想法、对改进现有产品或系统的感知需求等。

如果是一个面向系统的项目，其委托很少来自 UX 设计或软件工程 (SE) 小组内部，而是通常来自上级管理层的命令。新产品的思路可能以商业简报 (business brief) 的形式出现，通常来自产品导向的组织的市场部门。

对于项目团队，事情开始于某种项目委托文件 (project commission document) 或说明，这是一个创建项目的建议。根据组织的情况，项目委托文件可能包括一些样板项 (boiler plate items)，如项目期限、预算、管理计划、人员角色等。

项目委托文件很可能是从非常高的层次出发，而且可能定义不清。UX 设计团队——尤其是产品负责人 (稍后的 5.4.1.5 节)——的首要职责就是在产品定义阶段填补空白，并在产品概念说明中巩固愿景。

一开始就有的关键 UX 团队角色

1. 使用研究人员

进行使用研究活动的人，例如数据抽取、数据分析和建模以及用户体验需求规范。

2. UX 设计师

在 UX 团队中进行 UX 设计的人，例如为用户交互进行设计创建、概念设计和 / 或设计生成。

3. 平面或视觉设计师

平面设计师负责视觉传达、品牌和风格，最终生成像素级的"视觉合成"。

4. UX 分析师

在 UX 团队进行 UX 评估的人。如果是小团队，同一个人可同时负责使用研究和 UX 分析。

5. 产品负责人

有的 UX 团队要么有一个产品负责人，PD，要么有一个产品经理，PM，要么两者都有。两者的角色定义在不同项目团队中可能不一样。产品负责人更可能和 UX 团队关联。很多公司甚至不设产品经理，其角色主要就是安排会议和日程。

产品负责人通常具有以下特点：

- 与用户关系密切
- 了解客户领域的产品背景、商业策略和竞争情况
- 对产品的成功和商业目标的达成负有责任
- 要使产品和总体愿景一致
- 负责写作 / 创建以下内容：
  - 产品概念说明
  - 用户故事
  - 用户画像
- 与 SE 合作以计划实现期间的冲刺，并管理敏捷用户故事优先待办事项 (backlog，详见第 29 章)

5.5　米德尔堡学院票务系统和新的售票机系统

作为说明本书观点的一个运行实例，这里向大家介绍米德尔堡学院票务系统 (Middleburg University Ticket Transaction Service，MUTTS)，这是一个虚构的公共票务系统，负责销售娱乐以及其他活动的门票。有关 MUTTS 的这些信息就是你在数据抽取期间发现的，这是第 7 章的主题。该项目是产品视角和企业系统视角相结合的一个很好的例子；它既是一个系统，也是供公众使用的产品。

用户故事
user story

简短描述特定担任工作角色的用户需要的一个特性或功能，以及为什么需要，用作敏捷 UX 设计的"需求"(requirement) 使用 (10.2.2 节)。

用户画像
user persona

对担任特定工作角色的用户的一个描述，是从用户群体中抽象出来的典型用户 (9.4 节)。

企业系统
enterprise system

组织内使用的大型信息系统，通常是由组织的 IT 部门开发和使用的系统 (3.2.2.4 节和 3.4.2 节)。

5.5.1 现有系统：米德尔堡学院票务系统 (MUTTS)

米德尔堡是一个美国中部小城，是米德尔堡学院的所在地，这所州立大学有一项服务是米德尔堡学院票务系统 (MUTTS)。MUTTS 作为一个中央校园售票处已成功运作了几年，人们在这里购买娱乐活动的门票，包括音乐会、演出和公开演讲。MUTTS 通过这个票务处和赞助商联系向各种客户出售门票。人们对改进和拓展 MUTTS 有很大兴趣。

当前业务过程存在着以下缺点。

- 直到最近，所有客户都不得不亲自跑到一个地方去买票。
- MUTTS 现在和 Ticket4ever.com 建立了合作关系，后者是一家全国性的在线票务分销平台。但是，Ticket4ever.com 存在可靠性低和用户体验差的问题。
- 目前 MUTTS 的运行涉及多个系统，这些系统不能很好地协同工作。
- 受大学和州用工政策的影响，无法在短时间内招聘临时票务人员来满足周期性的高峰需求。

现有系统的组织背景

拓展业务的愿望与目前影响 MUTTS 及米德尔堡学院的其他许多动态是一致的。

- MUTTS 的主管人员希望增收。
- 人们普遍认为，新系统应该在几个方面改进用户体验。
- 为了利用自己在全国学术和体育方面日益突出的地位，大学正在寻求一个全面的定制解决方案，其中包括对体育赛事门票进行整合。目前，体育赛事门票由一个完全不同的部门管理。
- 如果纳入能带来可观收入的体育赛事门票，MUTTS 将有机会获得资源来支持其他方面的扩张。
- 大学当前的一个战略举措是在其所有院系和活动中进行统一的品牌建设。大学管理层乐于接受 MUTTS 的创意设计方案，以支持这一品牌建设工作。

5.5.2 提议的新系统：售票机系统

新系统的工作名称 (代号) 是售票机系统 (Ticket Kiosk System, TKS)，是大学行政部门和 MUTTS 管理层在一份商业简报 (business brief) 中委托的。高层已经做出决定，授权售票机作为该项目的核心。作为设计师，

*译注

米德尔堡学院成立于 1800 年，位于佛蒙特州，美国顶尖文理学院之一。

我们需要保持开放的心态，并准备驾驭项着目取得一个更好的解决方案前进，如果在沉浸于问题空间时出现了这样的一个解决方案的话。

在早期，项目的范围必须在商业简报中予以确定，并作为后续所有工作的一个路线图。例如，设计是否涵盖售票机维护、支付安排、向外部组织采购门票的协议安排等？这些问题反映了系统生态中的其他工作角色。项目中的每个角色都有自己的一套任务需要设计，尤其是交互设计。

5.5.3　理论依据

MUTTS 想要扩大其覆盖范围，增加更多售票地点，但在城里的商业大楼租用办公空间很贵，而且鲜有地方能提供它所需要的那种小空间，因为毕竟只是售个票。所以，MUTTS 管理层和大学行政部门决定将该业务从售票窗口转为售票机。这种机器可以放置在校园和城里更多的地方。

米德尔堡有一个可靠且运行良好的公交系统，由米德尔堡公交公司运营。其中有几个公交车站，包括图书馆和购物中心，每隔几分钟就有公交车往返，上下车人流量很大。大多数这样的地方都有富裕的空间，可通过合理的租金摆放售票机。

管理层预计，由于供应量加大 (许多地方都建立了售票机) 和可访问性的提高 (全日无休)，销售量会增大。此外，由于售票机无需操作人员，所以还会节省一些成本。

5.6　产品概念说明

产品负责人和 UX 团队的工作是将产品概念具体化为一个面向所有利益相关者的明确的任务说明。注意，取决于设计的是商业产品还是企业系统，分别会有一个产品概念说明和一个系统概念说明。为了简化讨论，我们将其统称为 "产品概念说明"(product concept statement)。

亚马逊会员快递服务 (Amazon Prime Now) 副总裁史蒂芬妮·兰德瑞 (Stephenie Landry) 在开始一个项目时，会把产品概念说明写成新闻稿，从中倒推高层次的需求和设计。在产品概念说明中，她承诺会有一个 "神奇" 的用户体验。

苹果 "iPod 之父" 托尼·费德尔 (Tony Fadell) 说，产品设计和营销密切相关，他的第一步也是先创建一份新闻稿来设计新的产品 (Moore, 2017)。

生态
ecology
在 UX 设计的背景下，生态是指用户、产品或系统与之交互的整个世界的周边部分，包括网络、其他用户、设备和信息结构 (16.2.1 节)。

产品概念说明的特点

好的产品概念说明具有以下特点。

- 简练，通常英文字符 100~150 字，中文字符 100~250 字。
- 是项目团队的使命宣言、愿景说明或者权责。
- 向利益相关方和外部人士解释产品的一种方式。
- 帮助设定内部开发重点和范围的尺度。
- 不太好写 (尤其是一份好的)。

由于这份说明需要短小精悍，所以每个字都很重要。概念说明不是简单地写出来的，而是需要经过反复推敲，使其尽可能清晰和具体。

产品概念说明的受众非常广泛，包括高层管理人员、营销人员、董事会、股东甚至是普通大众。

执行生命周期活动期间，需根据需要完善和更新。

尽快将产品概念说明张贴在设计工作室。它将作为所有 UX 设计活动的指导方针。

5.6.1   产品概念说明包含哪些内容

有效的产品概念说明至少要回答以下问题。

- 产品或系统的名称是什么？
- 用户有哪些？
- 他们将如何使用它？
- 系统：该系统要解决什么问题 (广义上的业务目标)？
- 产品：该产品主要有哪些吸引力，或者有哪些突出的特点？
- 设计愿景是什么，情感影响的目标是什么？换言之，该产品或系统将为用户提供什么体验？

示例：售票机系统的产品概念说明

TKS 将取代 MUTTS(旧的零售票务系统)，向公众提供分布式票务自助。服务支持获取全面的活动信息，并支持本地各种活动的快速购票，如音乐会、电影和演出。

新系统的支持范围显著扩大，包括整个马里兰州的体育赛事门票分销。还将支持公共交通的车票，并能提供特定场馆的导航和停车信息。和传统售票点相比，售票机系统的服务时间更长 (24/7)，能减少等候时间，并能提供和活动相关的更丰富的信息。注重创新设计有利于提高 MU 的公众形象，同时培养 MU 社区的精神，并为客户提供高质量的用户体验。(218 字)

迭代和改善

产品概念说明将随着项目的进行而不断发展。例如，"和活动相关的更丰富的信息"可以说得更具体："提供和活动相关的更丰富的信息，包括图像、电影预告片和评论。"另外，我们没有提到安全和隐私，但这些重要的问题后来被潜在的用户指出来了。类似地，对于"注重创新设计"可以变得更具体："创新设计的目标是提供有吸引力的、令人愉快的交易体验，重塑与售票机的交互体验"。

大型系统的概念说明

对于非常大的系统，如果每个主要子系统都有自己的目标和任务说明，可能需要为每一个都制定系统概念说明。

5.6.2　介绍和过程相关的练习

如果完成练习

本书的练习是用来学习的，而非于用于生产产品。所以，如果认为已经掌握了需要的东西，就不必完成每个细节。大多数练习想要教给你的东西，应该能在一个小时左右的时间里学到。如果是课堂环境的团队教学，这意味着可以把练习作为课堂活动来做，分成几个小组并同时进行，或者作为家庭作业在下一堂课之前完成。这样做的好处是，你可以和其他有类似目标和问题的团队一起工作，也可以有一个老师在场，作为顾问和导师参与各个团队之间的活动。如果有时间，建议将学生团队的成果以总结的形式准备好，在班上向其他同学演示，这样每个团队都可以向其他团队学习。

为练习选择一个产品或系统

选择时要花点心思，因为你将在整个过程相关章节的大部分练习中沿用相同的选择。

你对练习所用的目标应用系统的选择应符合学习目标。这意味着选择的东西规模要适中。避免太大或太复杂的应用；选择语义和功能相对容易理解的那些。但是，也要避免太小或太简单的系统，因其可能并不能很好地支持过程活动。

　　这里的选择标准是，你需要确定至少半打不同种类的用户任务。寻找具有有趣生态的东西。还应选择用户不止一类的系统。例如，电商网站的用户不仅包括下单的消费者，还包括处理订单的员工。

　　如果是开发组织的实施团队，建议不要用一个真正的开发项目来进行这些练习。在学习过程中引入生成真实设计的压力和失败的风险是没有意义的。

练习 5.1：所选产品或系统的产品概念说明

　　目标：练习写一份简明的产品概念说明。

　　活动：为你选择的产品或系统写一份产品概念说明。反复推敲和润色。你在这里写的 250 个或更少的字将是整个项目中最重要的字之一，所以要深思熟虑。

　　交付物：产品概念说明。

　　时间安排：鉴于该领域的简单性，我们预计你能在约 30 分钟内完成。

5.7　欢迎来到过程相关章节

　　在下一章，即第 I 部分的背景章之后，我们将进入本书第 II 部分，将进行使用研究以理解需求。第 III 部分讲设计，第 IV 部分讲原型化。过程章在讲 UX 评估的第 V 部分结束。

背景简介

6.1 本章涉及参考资料

本章包含与第 I 部分其他各章相关的参考材料。不必通读，但每一节的主题在被其他主章提到时都应该读一下。

6.2 HCI 和 UX 的简史与根源

本节简要说明人机交互 (HCI) 和用户体验 (UX) 的历史和根源。许多人在这一领域做出了大量贡献，这里反映的只是冰山一角。

计算机可用性究竟是何时诞生的，这是一个有争议的话题。我们知道，在上个世纪 70 年代末，它已经成为一些人感兴趣的话题，而到了 80 年代初，已经有了一些关于这个话题的会议。虽然在 70 年代和更早的时候，人们就进行了一些和"计算机中人的因素"相关的工作，但 HCI 在 70 年代末和 80 年代才在各个大学出现，而且在那之前，就已经在 IBM(Branscomb, 1981)、美国国家标准局 (现美国国家标准技术研究所) 和其他分散的地方进行研究了。

许多人认为，HCI 直到 1983 年在波士顿举行的第一届 CHI 会议 (计算机系统中的人因会议，Conference on Human Factors in Computer Systems) 才凝聚成一门新兴的学科。但是，它可能至少在两年前就开始了，包括 1981

年 5 月在密歇根州安阿伯举行的 ACM/SIGSOC 会议 (Conference on Easier and More Productive Use of Computer Systems，更容易和更有效地使用计算机系统会议) 以及 1982 年 3 月在马里兰州盖瑟斯堡举行的 "计算机系统中的人因会议"(Borman & Janda, 1986)。这两次会议都算是 "非正式的首届 CHI 会议"。

一般来说，人机交互 (特别是可用性和 UX) 的起源和发展要归功于许多其他相关领域的影响。

6.2.1   泰勒的科学管理

从时间轴上看，我们的故事开始得很早。一个多世纪前，一个称为科层管理的概念出现了。有时被称为 "泰勒主义"(Taylorism) 的这种方法是由机械工程师弗雷德里克·温斯洛·泰勒 (Frederick Winslow Taylor) 创造的。他还因帮助带动国家 (这里指美国) 工业进步而闻名。泰勒试图定义当时的 "最佳实践"，以改进低效和浪费、有时甚至懒惰的私人和政府企业及工厂的运营方式 (Taylor, 1911)。

泰勒提出了两个原则来提高人力的生产力 (productivity)，下面这些原则在接下来的四五十年里一直很受欢迎。

- 与其试图为一项任务找到合适的人 (即拥有该工作的知识和技能的人)，不如训练人以适应该任务。
- 排在第一位的是系统而不是人。

作为后见之明，我们在一百多年后才发现他几乎完全弄反了。但在当时，这是关于工作场所的一个重要工程思路。

6.2.2   早期工业和人因工程

一战

设计人类适应机器。一战期间，泰勒的工业工程理念已全面普及，对人进行了大量培训使之适应机器。工程师们先建造了带有所有控制装置和显示设备的飞机，然后训练飞行员来适应这样的工程设计。

二战

人因和人体工程学诞生。到二战的时候，训练任何人来适应任何设计的概念已经被人看出了问题。这些问题足够严格，以至于需要开始一门新学科，称为人因 (human factor) 和人体工程 (ergonomic)。

人因
human factor

一门工程学科，致力于将科学和技术与人类行为和生物特征结合起来以设计和维护产品及系统，从而实现安全、有效和满意的使用 (6.2.4 节)。

菲茨上校和琼斯上尉

这一新领域的早期英雄包括保罗·菲茨上校 (Paul Fitts) 和理查德·琼斯上尉 (Richard Jones)。美国空军对一些经验丰富的二战飞行员所遭受的飞机失事感到担忧。原因是一些非常健壮、训练有素、积极性很高的人在执行战场任务时也会出现重大失误。无论训练或飞行经验有多丰富，飞行员在驾驶舱内操作控制装置时都会犯一些危险的错误。训练有素的飞行员未能在雷达上发现敌人，并在驾驶舱内犯一些初级错误。Fitts & Jones(1947) 得出结论，这不可能是因为训练中的瑕疵。

因此，他们研究了可能导致飞机失事的严重事故。为了更好地了解事发过程，他们开始采访飞行员，问他们遇到了什么问题，这种做法一直延续到今天。

BT-13 教练机

在一些采访中，菲茨和琼斯与 BT-13 教练机的飞行员交谈，后者描述了在起飞时遇到的令人不安的场景。飞机在跑道上加速时，飞行员想要调整螺旋桨的螺距以提供更多的推力，但实际上却"不小心"调整了燃油混合比，导致动力损失，只能中止起飞。

飞行员没有拉螺旋桨距杆，而是拉了燃油混合杆。为什么？这两个操作杆紧挨在一起，看起来完全一样，很容易出现失误而抓错操作杆。他们逐渐明白，任何训练都无法彻底避免这一操作失误。

B-17 轰炸机

在类似的采访中，B-17 轰炸机的飞行员讲述了关于飞机降落的类似故事。在一个经常听到的故事中，当他们降落时，飞行员要求副驾驶打开着陆灯。但不知何故，副驾驶却"不小心"按下了襟翼开关。飞机撞上跑道并被严重损坏。幸好，飞行员和副驾驶得以劫后余生，所以才能够报告这一事件。

菲茨和琼斯的报告是最早认识到设计缺陷（而非人为错误）与用户表现失常之间的因果关系的报告之一。

阿尔方斯·查帕尼斯中尉

这个时代的第三位英雄是阿尔方斯·查帕尼斯中尉 (Alphonse Chapnis)，

作为人因研究员，他被要求调查另一个奇特的现象：B-17、B-25 和 P-47 的飞行员会在着陆后收起起落架！为什么这些人要做这样的蠢事？为什么只有这些飞机才会发生，而不是其他飞机？通过观察和采访飞行员，他们发现起落架收起装置和降落后调整襟翼的控制装置——你猜对了——外观相似，而且紧挨着。

查帕尼斯意识到，他无法改变这些量产飞机的控制布局，所以他想出了一个巧妙的现场解决方案。他为这些控制装置设计了两种不同的把手——一个像椅子的滚轮，另一个则是楔形。这样，通过触觉反馈，飞行员甚至不用看，就能感觉到圆形的、类似车轮的物体，并知道那是用于轮子的。感觉到楔形的把手时，就知道那是用于襟翼的。

这一定是为满足用户需求而重新设计的最早的例子之一，它通过理解用户如何以不同于设计师最初意图的方式使用一个设计，从而增加了设计的认知可供性特质 (cognitive affordance)。

认知可供性
cognitive affordance

一种帮助用户进行认知行动 (思考、决定、学习、理解、记忆和认识事物) 的设计特性 (30.2 节)，也称为直观功能、预设用途、可操作暗示、符担性、支应性、示能性等。

6.2.3　德雷福斯，二战后

上个世纪 50 年代中期，美国工业设计师亨利·德雷福斯在他的开创性著作《为人而设计》中写道，与产品交互困难，不一定是人类用户的错，反而经常都是设计师的锅。

6.2.4　人因与 HCI 的结合

人因关乎的是让事物更好地为人工作。以建桥为例。你会运用理论、良好的设计实践和工程原则，但你无法真正知道它能否工作。所以你会建造它，但谁是第一个测试它的人呢？嗯，这就是我们有研究生的原因之一。

——菲利斯·雷斯纳 (Phyllis Reisner)

作为一门工程学科，人因致力于结合科学 / 技术和人类行为 / 生物特征来设计并维护产品 / 系统，从而实现安全、有效和满意的使用。人因进入计算机时代后，与新兴的人机交互 (HCI) 和可用性领域非常契合，这一点也不奇怪。

事实上，许多来自人因的想法和概念为后来的 HCI 技术奠定了基础。例如，任务分析的概念最早是由人因专家在分析工厂工人在装配线上的行动时使用的。对于许多从事人因工程的人来说，转向关注人机交互是一个自然和容易的过渡。

事实上，许多来自人因的想法和概念都为后来的 HCI 技术奠定了基础。例如，任务分析的思路率先由人因专家在分析工人在装配线上的行动时采用。对于许多从事人因工程的人来说，转为关注 HCI 是一个自然而容易的过渡。

心理学和认知科学

HCI 大部分基础也和心理学理论密切相关，它们来自对心理学理论和人类信息处理 (Human Information Processing，HIP) 模型的改编 (Barnard, 1993; Hammond, Gardiner, & Christie, 1987)。诸如用户建模 (user modeling) 和用户绩效指标等概念都是从认知和行为心理学以及心理测量学改编到 HCI 中的。

心理学在 HCI 中最重要的应用或许发生在将用户作为"人类信息处理器"进行建模的领域 (Moran, 1981b; Williges, 1982)，它提供了 HCI 中的第一个理论。大多数人类绩效预测模型都源自 Card, Moran & Newell (1983)，其中包括击键模型 (Card, Moran, & Newell, 1980)，命令语言语法 (Moran, 1981a)，目标、操作者、方法和选择 (Goals, Operators, Methods, and Selections, GOMS) 系列模型 (Cardet.al, 1983)，认知复杂性理论 (Kieras 和 Polson, 1985) 以及可编程用户模型 (Young, Green, & Simon, 1989)。

人机交互也受到心理学经验方面的影响。例如，费茨法则将光标移动时间与目标的距离和大小联系起来 (Fitts, 1954; MacKenzie, 1992)，它显然与运动美学和人类表现有关。

和人因工程一样，认知心理学和针对人的表现(认知、记忆、感知、注意、感觉和决策)以及针对人的行为特征和局限 (这些要素和用户体验显然有很大关系) 而进行的设计有很大联系。

> **人类信息处理**
> human information processing，HIP
> 一种基于认知科学隐喻的人机交互方法，即"思想和计算机是对称耦合的信息处理器" (Harrison, Tatar, & Sengers, 2007)(6.4.2 节)。

6.2.5　计算机科学：人机交互的软硬件基础

上个世纪 60 年代，更多没有受过技术培训的人开始接触计算机。在此之前，所有用户交互都是基于键盘的——直到道格拉斯·恩格尔巴特 (Douglas Engelbart) 发明了第一个实验性的指向设备——世界上第一个鼠标 (图 6.1)。[①]

[①] https://zh.wikipedia.org/wiki/鼠标

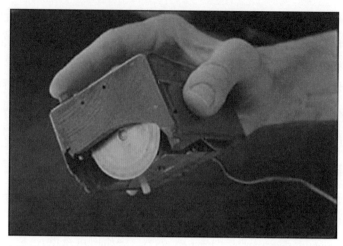

图 6.1
第一个计算机鼠标（来自
SRI international)

此时的交互设备尚未标准化——无法将一台计算机的输入设备拿到另一台计算机上使用。所以，计算机科学出现了一个新的行业重点，即创建设备、交互方式和支持软件来实现互操作性与人体工程。很快（大约 1960 年），我们就进入了一个研究和开发键盘、CRT 终端、文本编辑器和培训手册的时代。此时，来自计算机科学的 HCI 的主要参与者是软件人员，且大部分工作都和输入 / 输出设备及用户界面编程有关。

软件工程

在计算机科学方面，人机交互和可用性工程的近亲是更成熟的软件工程 (software engineering, SE) 学科。虽然基础理念存在很大区别，但这两个领域的开发生命周期具有相似和互补的结构，都包括像是需求收集、设计和评估这样的活动。

在理想世界中，人们期望这两种生命周期 (UX 生命周期和 SE 生命周期) 之间存在密切联系，因其在开发统一交互系统时是同时进行的。但在过去，这两个角色平时不怎么交流，直到最后真正开始实现时才进行交流。而这个时候往往太晚了，尤其是当交互设计更受软件架构的影响时。两个生命周期之所以明显缺乏联系，一个原因是这两个学科的发展历程，其中任何一个都没有强烈影响到另一个。事实上，除了少数例外，软件工程和可用性工程的研究人员和从业人员多年来大多互相忽视。幸好，随着如今敏捷方法的盛行，这种情况正在发生改变。

交互图形、设备和技术

一条新线索在 HCI 方程式计算机科学这一侧的文献和实践中出现了。这些关于交互图形、交互风格、软件工具、对话管理系统、编程语言翻译和界面"部件"的工作，对于开辟实用编程技术的道路，使交互设计在计算机上得以实现至关重要。

计算机图形学的起源经常归功于 Ivan Sutherland(1963, 1964) 等先驱者，并由 Foley 及其同事 (Foley & Van Dam, 1982；Foley, Van Dam, Feiner, & Hughes, 1990；Foley & Wallace, 1974) 和 Newman(1968) 等大师巩固。关于图形学与人机交互的关系的精辟论述，请参考 Grudin(2006)。

上个世纪 80 年代和 90 年代，为了支持现在熟悉的点击式交互，硬件和软件开发蓬勃发展，其中包括 Xerox Star(Smith, Irby, Kimball, Verplank, & Harslem, 1989) 和苹果的 Lisa 和 Macintosh。个人计算带来了一种计算的民主化，每个人的计算，而不仅仅是精英怪才的计算。

在交互技术的背景下 (Foleyret.al, 1990)，一个交互对象及其支持软件经常被称为"小部件"(widget)。程序员们开发了 widget 软件库来支持图形用户界面的编程。早期的图形软件包将交互从文本扩展到直接操作图形对象，最终导致了显示和光标跟踪的新概念。不再局限于键盘，甚至不再局限于键盘和鼠标，许多不寻常的交互技术出现了，其中一些现在仍在使用 (Buxton, 1986; Hinckley, Pausch, Goble, & Kassell, 1994; Jacob, 1993)。Myers 领导了各种用户界面软件工具的领域 (Myers, 1989, 1992, 1993, 1995; Myers, Hudson, & Pausch, 2000)，Olsen 则以他在用户界面软件方面的工作而闻名 (Olsen, 1983)。

有太多人为用户界面管理系统 (User Interface Management Systems，UIMS) 的工作做出了贡献，以至于我们现在无法将他们记全。Buxton, Lamb, Sherman, and Smith (1983) 是这个领域最早的思想成果。我们记得的其他人还有 Brad Myers、Dan Olsen、Mark Green、GWU 的 Jim Foley 小组以及我们在弗吉尼亚理工大学的研究人员。这些工作的许多成果过去和现在一直都在用户界面软件和技术 (User Interface Software and Technology，UIST)ACM 研讨会上提及，这是一个专门针对用户界面软件的会议。

商业界也纷纷效仿，我们研究了许多提议的"标准"交互风格，如 OSF Motif(The Open Group)。开发者不得不从可用的那些中选择，主要是因为这些交互风格不可互操作。每种方法都与自己的软件工具紧密联系，以便为相应的交付设计生成编程代码。标准化导致了今天的 GUI 平台和相应的风格。

图形和设备的这种增长引发了交互风格的一项重大突破——直接操作 (Hutchins, Hollan, and Norman, 1986; Shneiderman, 1983)，它改变了与计算机交互的基本范式。直接操作 (direct manipulation) 实现了投机 (问题发生时能及时抓住) 和增量式任务计划。用户可以尝试一些事情，看看会发生什么，探索解决交互问题的多种途径。

6.2.6　计算和交互概念的改变

在很长一段时间里，交互是指在连接到大型机的哑终端上充斥了满满的数据字段的屏幕。个人电脑出现的时候，它们的屏幕看起来也差不多，都是包含数据字段的面板。

后来出现了 GUI、互联网和 Web。现在更发展出了各种个人、手持和移动设备，以及嵌入到电器、家庭和汽车中的设备，甚至更多。

坐在台式机或笔记本电脑前，通常给用户一种"做计算"的感觉。但是，当我们开车时，不会认为自己是在"做计算"，但仍然在使用汽车的内置计算机，甚至使用 GPS。就像 Weiser (1991) 说的："世界不是一个桌面。"

1. 消失的技术

然而，交互不仅仅是在不同的设备中重新出现那么简单 (例如我们换成用手机上网同样也是在交互)。Weiser(1991) 说："……最有深度的是那些消失的技术。"Russell, Streitz, and Winograd (2005) 也谈到了消失的计算机——不是计算机不复存在，而只是变得不显眼和不引人注目。他们使用了电动机的例子，它是我们日常使用的许多机器的一部分，但我们几乎从未想过电动机本身。他们谈到"让计算机消失在我们生活和工作空间的墙壁和夹缝中"。接着两节将讨论在这种消失的技术中可能发生的各种交互。

2. 嵌入、普适和环境交互

嵌入交互、普适交互和环境交互是多少有些相关的概念，与设备和系统的关系以及它们与环境的交互有关。这些术语非常相似，有很多重叠之处。

嵌入式系统的交互

嵌入式系统是在另一个设备或系统中工作的计算系统 (像计算机一样的设备)。例如嵌入到家用电器中的控制单元。我们可以带着可穿戴计算设备自由行动，这些设备嵌入在我们的衣服或鞋子里。麻省理工学院 (MIT) 的一个项目为作为志愿者的士兵安装了传感器，这些传感器可作为衣服的一部分佩戴，监测心率、体温和其他参数，随时检测是否体温过低 (Zieniewicz, Johnson, Wong, & Flatt, 2002)。

商业中的实际应用已经揭示了商业应用几乎无限的潜力。Gershman and Fano(2005) 举了一个例子：一辆智能轨道车可以跟踪和报告自己的位置、维修状态、是装载还是空车以及它的路线、计费和安全状态 (包括影响国土安全的方面)。可以想象一下，和目前用于跟踪铁路车辆的大多数手动和容易出错的方法相比，这会提高多少效率和节省多少成本。

事实上，可以将射频识别 (Radio Frequency Identification，RFID) 芯片甚至 GPS 功能嵌入到几乎任何物品中，并将其无线连接到互联网。可查询这样的物品，了解它是什么、它在哪里以及它在做什么。例如，可查询自己遗失物品的位置 (Churchill, 2009；Gellersen, 2005)。这种技术明显可应用于商店或仓库货架上的产品和库存管理。还可在这些物品中内置更多的智能，使其不仅能自我识别，还能感知自己周围的环境。

普适交互

顾名思义，普适交互技术——在文献中一般称为普适计算 (Weiser, 1991)——几乎可以存在于任何地方。交互技术可存在于电器、家庭、办公室、立体声和娱乐系统、车辆、道路和我们随身携带的物品 (公文包、钱包、手表) 中。这种日常背景下的交互是在没有键盘、鼠标或显示器的情况下进行的。就像 Cooper, Reimann, and Dubberly(2003) 所说的，不需要传统的用户界面来进行交互。

Kuniavsky(2003) 总结道，普适计算需要格外注意用户体验的设计。他认为，普适计算设备应该是狭义和有针对性的，而不是看起来像是一台功率不足的笔记本电脑的多用途或通用设备。而且他强调生态的重要性：我们需要设计完整的系统和基础设施，而非只限于设备。

将"系统"分布于环境的一个例子是 Amazon Dash 下单按钮。这种按钮可以随便放在房子的任何地方，一旦按下，就会下一个预先配置好的订单。

例如，洗涤剂不足的时候，按下洗衣机旁边的 Amazon Dash 就可以直接下单。这是该按钮唯一的功能。这种按钮还利用了实体 (tangible) 和具身 (embodied) 交互的优势，因其具有按下就能订购产品的物理特性。

环境交互

顾名思义，环境交互技术存在于日常环境，所以也可认为它是嵌入和普适的。

你的房子、墙壁和家具可以用交互技术围绕着你。环境系统可从环境中提取或感知输入，并主动与人类以及其他物体和设备进行交流 (Tungare et.al, 2006)，而不需要用户有意或有意识的行动。最简单的例子是感应环境温度并相应调整制热 / 制冷功能的恒温器。作为一个更复杂的例子，"智能墙"可以通过感知用户的存在并通过类似 RFID 技术来识别用户，从而主动提取它所需要的输入。这仍然是用户与系统的交互，只是交互是系统在控制，而人类"用户"可能没有总是意识到 (或不需要意识到) 这种交互。

这种交互有时被称为"环境智能"，是针对家庭生活环境所做的大量研究和开发的目标。荷兰飞利浦研究公司 HomeLab (Markopoulos, Ruyter, Privender, & Breemen, 2005) 的研究人员认为："环境智能技术将介导、渗透并成为我们在工作或休闲时进行日常社会交互时不可分割的通用元素。"

像牛奶和杂货这样的日常物品可被贴上廉价的机器可读标签，使这些工件的变化能被自动检测。这意味着手机可与冰箱保持联系，追踪自己需要的物品 (Ye & Qiu, 2003)。而且，当你靠近杂货店的时候，会收到提醒，让你停下来买牛奶。

越来越多以前只出现于研究实验室中的应用现在正在商用化。例如，机器人在更专业的应用 (而不仅仅是家庭清洁或保姆) 中的数量越来越多 (Scholtz, 2005)。有的机器人应用于医疗康复，包括鼓励严重残疾儿童与环境交互的系统 (Lathan, Brisben, & Safos, 2005)；协助老年人的机器人产品 (Forlizzi, 2005)；作为实验室主持人和博物馆讲解员的机器人 (Sidner & Lee, 2005)；用于城市搜索和救援的机器人设备 (Murphy, 2005)；当然，还有用于无人驾驶太空任务的机器人漫游车 (Hamner, Lotter, Nourbakhsh, & Shelly, 2005)。

情景交互

嵌入、普适和环境技术采用的是一种由外向内的、以生态为中心的视角，强调环境如何与用户发生关系。相反，情境、具身和实体交互则采用一种由内向外的、以用户为中心的视角，强调用户如何与环境发生关系。

情境意识 (situated awareness) 是指能意识到当前所处环境的技术。例如，意识到人类用户当前所处的活动空间。在社会环境中，这可以帮助寻找特定的人，帮助优化团队的部署，或者帮助培养一种社区和归属感 (Sellen, Eardley, Izadi, & Harper, 2006)。

情景意识和对场所的感知相关，即理解更广泛的使用场景下的一种特定的交互场所。情境意识的一个例子是手机"知道"自己是在电影院里，或者主人处于一个不方便接电话的环境。换言之，这种设备或产品理解人类社会的社交礼仪。

具身和实体交互

作为对情境意识的补充，具身交互 (embodied and tangible interaction，也称"体现"交互) 指的是以自然和显著的方式让自己的身体参与到和技术的交互中，例如通过手势。Antle(2009) 对具身 (embodiment) 如此定义："一个生物实体的认知性质如何被其在世界中的物理表现形式所塑造。"正如她所指出的，与"人类作为信息处理器"的认知观点相反，人类主要是活动主体，而不仅仅是"离身的符号处理器" (disembodied symbol processors)。这意味着将要交互带入人类的物理世界，让人类自己的物理存在参与交互。

具身交互率先由马尔科姆·麦卡洛 (Malcolm McCullough) 在《数字化基石》(*Digital Ground*) 一书中确定 (McCullough, 2004) 并由保罗·杜瑞希 (Paul Dourish) 在《行动点》(*Where the Action is*) 一书中进一步发展 (Dourish, 2001)，是改变交互性质的核心。杜瑞希说："我们对于世界、我们自身以及交互的理解源自我们在一个由具身因素组成的实体与社交世界中的位置。"具身交互是以世界为情景的交互。

用不那么抽象的说法，想想一个人刚买了一件"需要自己组装"的东西。和看着说明书发呆，只是在脑子里想着怎么装相比，更好的做法是实际地动起来，拿着零件到处比划，观察和感受零件之间的空间关系与联系，

构思
ideation

以积极、创造性、探索性、高度迭代、快速发展且通常多人合作的方式来形成设计思想 (创意) 的头脑风暴过程 (14.2 节)。

草图或素描
sketching

快速手绘以表达初步设计思路，重点在于概念而非细节。是构思的一个重要部分。草图相当于素描师或设计师与工件之间的对话 (14.3 节)。

* 译注

在人工智能与认知科学中，具身认知和离身认知极为重要。具身认知 (embodied cognition) 被视为通往 "第二代认知科学" 的途径，倡导身体是心智的基础，身体在人类认知及相关社会活动中具有首要作用。与之对应的离身认知 (disembodied cognition) 是第一代认知科学的主导思潮，也是人工智能的理论来源，着重强调认知在功能上是能够脱离人的身体而独立存在的。离身认知的思想渊源可以追溯至古已有之的身心二元论。

看着组装逐渐成形，感受每个新零件应该出现的位置。这正是纸质版素描 (physical sketching) 有助于促进发明和创意的原因。身体的参与、做各种动作、视觉联系以及手 / 眼 / 脑合作，导致了一种具身认知 (embodied cognition)*，比仅仅只是坐着思考有效得多。

虽然实体交互似乎有自己的追随者 (Ishii & Ullmer, 1997)，但它和具身交互有非常密切的关系。可认为两者是相互补充的。实体交互涉及人类用户和实物之间的物理行动。工业设计师多年来一直在处理这个问题，设计能被人类持有、感受和操纵的物体和产品。现在的区别在于，这种物体还会涉及某种计算。而且，现在非常强调物理性 (physicality)、形式 (form) 和触觉 (tactile) 交互 (Baskinger & Gross, 2010)。

实体和具身交互比以往任何时候都需要三维草图形式的实物原型来激发 (inspire) 创意和设计过程。

6.2.7　UX 重要性凸显

基于诸多因素，用户体验的重要性日益凸显。

1. 对可用性的渴望

对不良用户体验的最初容忍

在遥远的过去，计算机的使用是 "高大上" 的，主要由技术导向的核心用户进行，他们不仅愿意接受挑战，克服糟糕的可用性，有时甚至欢迎这种不方便，防止那些不熟悉的 "外人" 捣乱。糟糕的可用性有利于保持神秘感，更不用说能保住自己的饭碗了。但是，对于其他用户来说，刚接触这种难以理解的技术，意味着要花费投入好多的学习成本，还要有接受挫折的心理准备。

跳舞熊软件

有时 (甚至就在最近)，我们不得不使用一些 Cooper(2004，p. 26) 所说的 "跳舞熊" (dancing bear)。这是被迫使用糟糕设计的例子。其特点在于，用户不能没有它，即使它的交互设计非常糟糕。没办法，只要有一只会跳舞的熊，一些人就会忽略它其实跳得很难看的事实。虽然交互设计很烂，但并不影响它的大获成功，这可以作为抵制变革和保留糟糕设计思路的理由。"我们一直是这么干的，产品一直卖得很好，用户也很喜欢。" 但稍微动一下脑筋，就知道如果换一个更好的设计，岂不是会卖得比原来更好！

2. 可用性工程的兴起

大约在上个世纪 90 年代，人们的关注点开始转向可用性工程 (usability engineering)，它主要着眼于精心设计的可用性评估方法。从这一时期出现的第一批可用性工程"过程"书籍算起，例如 Nielsen (1993)、Hix and Hartson (1993) 以及 Mayhew (1999)，到现在已经过去了二十多年。这一时代包含了早期的人机交互 (HCI) 概念，但仍然倾向软件 (例如实现用户界面的软件工具) 以及外观和感觉"标准"。这一时代为改善软件的可用性做了很多工作，并加强了人们对这样做的必要性的认识。

3. 用户体验的兴起

直到 1990 年，人们的注意力还主要集中在方法上，如何提出一个规范化的过程，让团队 (通常在商业或专业环境中) 用以实现最终产品的某种程度的可用性？

但是，计算机 (尤其是个人电脑) 对个人来说变得越来越实惠。所以，普通人在使用过程中获得良好的总体用户体验显得越来越重要。大约在 2000 年的某个时间，唐·诺曼 (Don Morman) 等人将焦点从狭义的可用性概念转向了更广泛的用户体验 (UX)，包含了更多的总体使用现象，并加入了情感影响。这就是本书的意义所在！

6.3　HCI 和 UX 的范式转变

范式或思维模式 (paradigm) 是指导思维和行为方式的一种模型、模式、模板或知识性认知或观点。从历史上看，针对一个思想和工作领域，范式随着时间的推移，会一波接一波地被人们认知并加强 (6.3 节)。

Harrison et al. (2007) 指出，设计师以一种特定的世界观来处理设计问题，接受特定的实践、期望和价值。他们将这些世界观称为"范式"，是随时间的推移而不断涌现的浪潮。

HCI 和 UX 的一些历史可被看作是这些范式不断涌现的"浪潮"，它们随着时间的推移而不断发生演变。大约在同一时间，苏珊娜·贝德克 (Susanne Bødker) 在 2006 年 NordCHI 的主题演讲中提出了她自己的第三次人机交互浪潮 (Bødker, 2015)。

Harrison et al. (2007) 像下面这样区分形成 HCI 领域的三大知识浪潮。

- 工程 (engineering)：人因工程和可用性工程。优化人和机器之间的匹配。交互的隐喻关乎的是人和机器的匹配。

- 人类信息处理模型和认知科学 (human information-processing model and cognitive science)：这一浪潮强调人的思想和计算机之间有什么关系，以及在交互过程中 (以及和交互有关)，人的思想会发生什么。交互的隐喻是 " 人的思想就像信息处理器 "。
- 现象学 (phenomenology)：这一浪潮的重点是交互的体验质量。交互的隐喻是关于创造意义 (讨论现象学的时候会谈及更多这方面的内容)，以及用户如何在一个工件及其使用中体验到意义。

他们的第三范式的驱动力是，社交和情境行动的本质与面向可用性 (usability-oriented) 的工程范式和人类信息处理器方法的认知逻辑相抵触。鉴于 HCI 作为一个领域最初不愿意接受现象学范式，Harrison et al.(2007) 唤起了人们将现象学范式纳入主流 HCI 的关注。

6.3.1　工程范式

源于软件和人因工程的 HCI " 工程范式 " 规定从为新系统设想的一个功能清单开始，并在现有的资源条件下，以最好的质量建立这些东西。工程的重点在于功能、可靠性、用户表现和避免错误。由于认识到用户交互本身值得关注，人们开始将可用性工程 (usability engineering) 视为一种实用的、重点在于改善用户表现 (主要通过评估和迭代) 可用性方法。

工程范式在人因中的根基也很深，它要求要有研究、解构和建模这些工作。一个例子是对装配线的研究，需要仔细描述完成工作所需的每个动作。这是一种纯粹的功利主义和需求驱动 (utilitarian and requirements-driven) 方法。会比较各种备选方法和设计，并根据用户通过每种方法能完成多大工作量来衡量成功。

6.3.2　人类信息处理 (HIP) 范式

人机交互的 HIP 方法基于认知科学隐喻，即 " 思想和计算机是对称耦合的信息处理器 "。该范式的基础是关于信息如何在人的头脑中被感知、访问和转化的模型，这些模型进而又如何反映对信息处理的计算机一侧的要求。它最初由 Card et.al(1983) 定义，并由 Williges(1982) 很好地进行了解释。

6.3.3　现象学范式

Harrison, Tatar, and Sengers 将他们的第三个 HCI 设计范式称为 " 现象学矩阵 " (Harrison et al, 2007)。

交互的现象学方面是所谓的"享乐阶段"(hedonic phase，对情感影响的兴趣上升) 的一部分，涉及我们如何接受工件、设备和产品，并将这些东西带入我们的个人世界。现象学范式涉及交互的社会和文化方面 (social and cultural aspects of interaction)，涉及我们整个身体和精神的交互。

创造意义

现象学范式中的交互隐喻是一种形式的"意义创造"(Harrison et al., 2007)。其中，一个工件 (设备、产品或系统) 及其环境相互定义对方，并受到设计师、分析师、用户和其他利益相关方的多重解释。

> 使用 (use)、用途 (usage)、可用性 (usability)、有用性 (usefulness) 和功能描述都是指能用一个产品做什么。现象学涉及的则是产品对用户意味着什么。

意义 (meaning) 和意义建构 (meaning construction) 是交互的现象学视角的核心。意义是针对当前环境和情况临时建构的，而且通常以协作的方式。"交互是意义建构中的一个基本要素"(Harrison et al, 2007)。信息通过观点、交互、历史和本地资源来解释。意义和知识在很大程度上与作为用户的人以及交互有关 (受当前场景的影响)。由于知识和意义基于"情景"(situated)，或者说是"具身"(embodied) 的，所以两者都受你所在的地方和你正在做的事情的影响 (甚至因此而定义或建模)，尤其是从社会意义上 (socially) 来说。这就是为什么存在这么多背景，进而存在这么多视角或观点以及诠释，而不是只存在一个正确的理解和一套正确的衡量标准。

6.3.4 三种范式在设计和开发中都有一席之地

下面来考虑一个汽车设计的例子。

首先看工程视角 (engineering view)。工程视角强调功能 (functionality)、特性 (features) 和可靠性 (reliability)。重视性能 (速度和加速) 和油耗。

同样在工程视角中，人因和人体工程也很重要。例如，方向盘的粗细必须适合普通人手的大小和力量。座椅高度、曲线以及与人的下背部的配合以及安全带也要考虑。

接下来看人类信息处理视角 (human-information processing view)。驾驶所需的关键信息的呈现不能超过人对信号检测能力的极限。信息显示和交互设备必须支持认知和决策行动。

最后看现象学视角 (phenomenological view)。相比之下，汽车设计的现象学视角关于的是汽车如何能成为车主生活方式的一个组成部分。它关乎的是驾驶的吸引力和酷感、驾驶的乐趣、(可能) 速度的快感以及拥有这辆车的自豪感。

6.4 工作中的趣味交互

著名设计师埃姆斯夫妇有一句名言：“严肃对待你的乐事。”

6.4.1 工作中的趣味性

个人使用商业产品时，诸如趣味、美感和使用的快乐等情感影响因素显然是可取的，但如果是任务导向的工作环境呢？这种场合肯定需要用户体验的可用性 (usability) 和有用性 (usefulness) 方面，但对情感影响的需求却不那么明确。

6.4.2 趣味性能使一些工作更吸引人

但有证据表明，趣味在工作中有助于打破单调，增加兴趣和注意力，尤其是那些重复性和可能非常枯燥的工作，例如呼叫中心的那些工作。趣味可以增强本质上不太具有挑战性的工作的吸引力，例如文秘工作或数据输入，从而提高工作绩效和满意度 (Hassenzahl, Beu, & Burmester, 2001)。不难理解，工作有了趣味之后，人们会对自己的工作更满意，并对某些类型的工作更喜爱。

情感和理智的行为在我们自己的生活中起着互补作用。所以，交互的“情感”方面不一定不利于我们以理性的方式完成自己的工作。例如，一些学习软件本来可能是枯燥乏味的，但可以加入一些新奇的、让人惊喜的和让用户主动的元素把它变得更有趣。

6.4.3 但趣味性可能和可用性相抵触

不过，趣味性和可用性在工作环境中有时会发生冲突。过于简单可能意味着注意力的丧失，而一致性可能意味着枯燥。但是，如果不那么枯燥，就意味着不那么可预测，而不那么可预测，通常会违背“可用性”的传统属性，例如一致性和易学性 (Carroll & Thomas, 1988)。趣味需要平衡，不能太简单或太无聊，但也不能太有挑战性或者太令人沮丧。

6.4.4　趣味性和某些工作环境并不兼容

有些工作角色和工作本身就是不适合有什么"趣味性"。考虑一些本质上就有挑战性而需要全神贯注的工作，例如空中交通管制。对于空中交通管制员，拥有高效和有效 (efficient and effective) 的软件工具至关重要。任何由于新奇而导致的分心，甚至由于聪明和"有趣"的设计特性而对性能造成轻微的影响，都是令人避之不及的，甚至可能带来危险。对于这种工作，用户希望的是更少的脑力劳动、更可预测的交互路径以及更一致的行为。这样的系统或软件工具不能有任何额外的复杂性。

当然，在一个主要为乐趣或娱乐而设计的应用程序中，增加类似于游戏的特性是受欢迎的。但想象一下，空中交通管制员在引导一架在大雾中直直地朝一座山头飞去的飞机时，必须先破解一个有趣的小谜题，系统才能给予控制权，会又是怎样的情形？

6.5　谁提出的瀑布模型

目前尚不清楚是谁首先提出的软件开发瀑布模型 (我们是不是要向他 / 她问责？)。Royce (1970) 是被引用最多的来源，也可能是该过程的第一个正式描述。由于和该出版物关联在一起，所以许多人以为是罗伊斯 (Royce) "发明"或引入了该过程。但这是一种误解，因为该方法已经使用了一段时间，而且，他的论文似乎是对该方法的批判，主要都是在说它不起作用。顺便说一下，直到 1976 年，它才被称为"瀑布模型" (Bell & Thayer, 1976)。

而在罗伊斯的论文之前 (约 14 年)，Bennington (1956) 在一次演讲中将其描述为针对 SAGE* 项目开发软件的一种方法。这篇论文后来以历史的角度重新发表时 (Bennington, 1983)，增加了一个前言，指出该过程并不打算以严格的自上而下的方式使用，具体要取决于原型阶段。1985 年，美国国防部决定将瀑布方法作为其软件开发承包商的软件开发标准。

由于瀑布过程与之前任何方法相比都更有组织性和系统性，所以可将其称为软件工程的泰勒 (6.2.1 节) 运动。

瀑布式生命周期过程
waterfall lifecycle process

最早的正式软件工程生命周期过程之一，是生命周期活动的一个有序线性序列，每个活动都像瀑布的一个层级一样流向下一个活动 (4.2 节)。

---

* 译注

SAGE(Sustainable and Green Engines, 可持续和绿色发动机项目)，该项目评估了两个开式转子概念：RB2022 发动机 (SAGE1) 和 CROR 发送机 (SAGER)。即"全自动地面防空系统" (Semi-Automatic Ground Environment)，上个世纪 50 年的大型计算机系统和相关的北美防空司令部 (NORAD) 冷战计算机网络，能协调来自许多雷达站的数据，并对其进行处理，以生成大面积空域的统一图像 (https://en.wikipedia.org/wiki/Semi-Automatic_Ground_Environment)。

6.6   筒仓、围墙和边界

在图 4.1 展示的瀑布模型中，框有时被称为"筒仓"(silo)，因其将生命周期中不同的活动显著分开，这种划分通常反映在开发者或外包的组织中。一个小组或部门只负责需求规范，不负责其他。另一个部门负责设计，而另一个完全独立的部门则负责实现。

6.6.1   在筒仓中工作

在自己的条条框框里工作的每个小组通常都基于行政层级来组织。这些部门组织之所以被称为"筒仓"，是因为其垂直的组织结构及其与别的部门独立工作的方式。对重大决策的要求涌向每个筒仓的顶端，决策最后又被过滤回到底层进行实施。

各个小组不是倾向于基于决策进行合作，而是更有可能被鼓励相互竞争。更糟的是，想要合作也没有办法，因为筒仓使他们不可能对大局达成共识。

不是说基于筒仓的方法意味着缺乏能力。每个小组都能很好地完成自己的工作。在筒仓内，可以找到技能好的人，甚至也有密切的沟通。但这种沟通不容易打通所有的筒仓。当这些组织开始组建多学科的跨领域团队，并由代表每个筒仓的成员组成时，结果发现几乎不可能对重要问题做出及时的决定。代表们不得不把每个重大问题带回各自的小组，然后在筒仓里上下传达以获得一个最终决定，最后再回到综合小组。

而每个筒仓小组都会发现，任何创新的意愿都会因为防范风险和害怕失败的动机而被扼杀。害怕失败是有道理的，因为其他筒仓里有很多事情是设计师无法控制的。对任何关于创新和偏离常规的建议说"不"是很自然的。所以，最后的结果几乎肯定是一个平庸的总体设计，其实这才是真正的风险。

筒仓导向的组织鼓励人们团结在项目和行政边界周围，而不是团结在要开发的产品或系统的周围。他们还隐藏在平台边界后面。例如，由于移动 App 需要不同的人才来进行分析、设计、实现甚至营销，所以很容易在移动开发中出现独立的业务、产品和工程筒仓。这自然会导致 App 的移动、桌面和 Web 不同版本之间出现脱节。

在这样的环境下，你能期望员工们有高涨的士气吗？一般看到的不是参与、兴奋和活力，而是指手画脚、关于责任的争议、沟通不畅、合作受阻以及一些事情上的重复劳动，另一些事情则被忽略。你通常会看到人们在自己的专业领域"只做自己的工作"。如果再加上团队需要分散于各地（甚至就在靠近的几栋不同的楼里），就完全扼杀了对过程中发生的变化做出反应的机会。

6.6.2　扔出墙外

对于生命周期中任何一个框，除非它收到前一个框的输出文档，否则都无法开始。例如，在需求组完成他们分内的工作并将文档从他们的筒仓"扔出部门墙"之前，设计组只能干瞪眼。

那么在什么时候把文档扔给下一阶段的小组呢？很简单：看看日历，时间到了就该扔了。所有未解决的问题也会被移交给下一个筒仓，问题的前主人会非常高兴，因为他们从此耳根清净了。部门墙或边界是文档和责任的交接点。这种对较难问题的拖延会一直持续下去，直到某个时刻，会很明显地发现有什么地方出了严重差错。一些关键的东西很久以前就应该修复。但是现在，只能看项目经理的本事了。

6.6.3　许多项目都因为不堪重负而崩溃

在软件工程 (SE) 领域，事实证明瀑布模型是很难的，至少对于较大和较复杂的系统来说如此。由于这种自上而下的生命周期过程非常全面，特点是前期有一个完整的系统概览 (system overview)，所以说这种系统的设计有大局观，是件好事情。但事实上，这种冗长的生命周期在实践中被证明是不可持续的，经常导致项目超出预算，落后于计划，不能搞定变化，或者就只是简单地失败了。

6.6.4　UX 设计受到了影响

市场经理也许能理解表达为要求 (requirement) 的需求 (need)*，而商业分析师最后可能会获得由此而开发出来的功能，但这两者都与设计的创建无关。今天，UX 专家是可以创造交互设计，但在这种开发环境中，软件工程师、程序员或 Web 开发人员会根据需要改变设计，把它放到软件中，破坏 UX 设计，创建真实但不一定令人满意的用户体验。

*译注

requirement 是指用户对设计师 / 开发人员提出的"要求"，例如"你应该提供这个"。而 need 才是最终真正的需要（需求）。本书中文版未严格区分两者的翻译，一般都说成"需求"。但在必须区分的场合，我们会采用中英文对照的方式。

使用研究

　　第 II 部分围绕"理解用户需求"生命周期活动展开。为了理解用户需求，UX 专家必须理解工作和工作实践，包括工作角色、当前实践存在的挑战、故障和变通方案 (breakdown and workaround)、限制、法规、文化等。我们主要通过"使用研究"这种方法来获得这种广泛的理解。其他方法都是"使用研究"方法的变化和简化 (variation and abbreviation)。

　　讨论使用研究时，我们所用材料的基础可追溯到凯伦·霍尔兹布拉特 (Karen Holtzblatt) 和其他人关于情境调查 (contextual inquiry) 和情境设计 (contextual design) 的工作 (Beyer & Holtzblatt, 1997; Holtzblatt, Wendell, & Wood, 2004)。另一个资料来源是 Constantine and Lockwood(1999)。

　　理解用户需求这一生命周期活动始于使用研究数据抽取 (usage research data elicitation)，这一般是通过观察和采访用户工作角色的人来完成的。数据抽取最好在真实的工作环境中完成。

　　接着是使用研究分析，这涉及使用研究数据的精华提炼成基本的工作活动记录，从中提取工作活动记录来作为用户故事、需求和使用研究数据模型的输入。

　　剩余的工作活动记录可通过工作活动亲和图 (work activity affinity diagram) 来组织，这是一种自下而上的技术，旨在用一个层次结构来组织大量不同的使用研究数据。

　　UX 从业者将所有东西汇总到一起，对用户工作实践、工作领域和用户需求形成一个全面的理解。

第 7 章

使用研究数据抽取

本章重点

- 工作、工作实践和工作领域的概念
- 数据抽取的目标和我们的方式
- 访问前：
  - 如何为开展使用研究活动做准备
  - 如何通过与客户及潜在用户的会面来准备开展使用研究以收集相关数据
- 访问期间：如何在使用情况研究的实地访问期间收集数据
- 要寻求的信息种类
- 做好原始数据笔记

7.1 导言

7.1.1 当前位置

在每章的开头，都会以"当前位置"(You Are Here) 为题，介绍本章在 "UX 轮"(The Wheel) 这个总体 UX 设计生命周期模板背景下的主题 (图 7.1)。在"理解需求"生命周期活动中，本章讲的是"数据抽取"细分活动。在这个细分活动中，要观察和采访客户和用户，通过全面认识用户使用现有产品或系统时的工作实践 (或游戏实践) 来理解用户需求。

一个工作活动是由用户在进行工作实践的过程中为达到一个目标而做出的感觉、认知和身体动作组成的一组工作或任务。数据诱导是一个收集真实用户工作活动数据的经验过程。第八章的数据分析是一个归纳 (自下而上) 的过程，用来组织、整合和解释用户的工作活动数据。第九章是关于各种设计信息模型 (如任务描述、场景、用户角色) 的综合，第十章是关于组织和表现用户故事、需求和要求的演绎分析过程。

工作活动 (work activity) 是一组工作或任务，是由用户在进行工作实践的过程中，为了达到一个目标而做出的感觉、认知和身体动作 (sensory, cognitive, and physical action)。"数据抽取"(data elicitation) 是收集真实用户工作活动数据的一个实证过程 (empirical process)。第 8 章讲到的"数据分析"是一个归纳 (自下而上) 过程，用于组织、整合和解释用户的工作活动数据。第 9 章介绍了各种设计输入或设计通知 (design-informing) 模型 (如任务描述、场景、用户画像) 的合成 (synthesis)。第 10 章会讲述一个演绎分析过程，用于组织和表示用户故事、需求和要求。

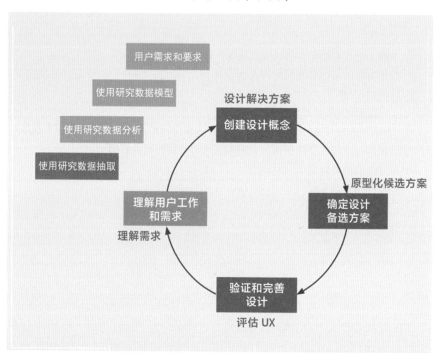

图 7.1
当前位置："理解需求"
生命周期活动的"使用研
究数据抽取"细分活动。
整个轮对应的是总体的生
命周期过程

7.1.2　使用研究不是问用户他们想要什么

过去存在对使用研究的一些批评，说它是一种有缺陷的设计驱动方式，因为用户常常不知道他们想要什么或需要什么。用户又不是设计师。

这种批评不仅仅是不公平的，还是错误的。它基于对使用研究的不正确认识。使用研究不是问用户他们在设计中想要什么。相反，使用研究的目的是理解用户的工作实践以及在此背景下的工作活动。作为 UX 团队的成员，你的工作是推断他们的设计需求。

11.2 节讲了一侧在野外遇到使用数据的轶事，这个案例涉及投票站里的一位老妇人。

如 2.5.2 节所述，每章都提供了多种方法和技术以满足你的项目需要。你的工作是根据视角 (perspective)、范围 (scope) 和对严格性的需求 (need for rigor)，整理出最适合当前项目的部分。

要了解情景调查和使用研究的历史和根源，请参见第 11.3 节。

7.2　使用研究数据抽取的一些基本概念

7.2.1　工作、工作实践和工作领域的概念

用户工作

我们用"工作"(work) 或"游戏"(play) 一词来指代需要做的事情，或者一个给定"问题"领域内的用户目标。大多数时候，"工作"这个词是显而易见的。一个例子是使用 CAD/CAM 应用程序来设计一辆汽车，这就是一种工作。

用户工作实践

"工作实践"(work practice) 是指人们如何完成他们的工作。工作实践包括和做工作相关的所有活动、程序、传统文化、习俗和协议，通常是组织目标、用户技能、知识和工作中的社交的结果。

如果是在使用某个消费产品 (例如个人设备或软件产品) 的背景下谈问题，则工作实践包括使用该产品所涉及的全部用户活动。例如，如果该产品是一个字处理软件，那么很容易将用它编写、分享和编辑文件的活动视为工作实践的一部分。

工作领域

工作领域 (work domain) 是工作实践的完整背景，包括相关系统或产品的使用背景。在实践中，我们使用"工作领域"来涵盖整个行业 (例如医疗保健、云技术或金融)。换言之，工作领域是一个行业的大背景，其中包括在其中完成工作的多个组织 (每个都有不同的工作背景)。

如果工作背景 (work context) 跨越了整个组织 (比如某个企业)，那么项目就有一个企业系统的视角。如果工作背景是一个产品的背景，如便携

(交付) 范围
Scope (of delivery)

描述在每个迭代或冲刺阶段，目标系统或产品如何进行"分块"(分成多大的块)，以便交付给客户和用户以获得反馈，以及交付给软件工程团队以进行敏捷实现 (3.3 节)。

式 MP3 音乐播放器，那么问题领域 (problem domain) 就是该产品的工作 / 游戏环境，这种项目有一个商业产品的视角。

7.2.2　理解别人的工作实践

- 了解需求的先决条件。理解用户的工作实践是理解其需求的一个必要手段。
- 需求的前奏。这还不是关于需求，而是关于理解用户如何做他们的工作。这有助于理解要在系统设计中做什么来支持并提高工作的有效性 (effectiveness)。
- UX 设计师需要更努力。设计师可能以为自己知道在设计中需要什么来满足用户的需求。但在不做使用研究的一个典型项目中，设计师经常要浪费时间去争论、讨论和提意见。
- 了解别人的工作需要决断。通常，推动工作的细节隐藏在表面之下，这些细节包括意图、战略、动机和政策。人们会创造性地解决和绕过他们的问题，使其面临的障碍和问题对他们自己和研究工作的外人来说不那么明显。

7.2.3　保护你的信息来源

除特殊情况外，在整个使用研究过程中，保持参与者 (participant) 的保密性和匿名性至关重要。如果你观察、综合、推断或得到的见解关于的是工作实践中由于社会和政治问题 (social and political issue) 而产生的问题和故障 (problems and breakdown)，这一点尤其重要。

谈论由于糟糕的管理或有缺陷的工作实践（在社会模型中建模）而造成的问题时，如果可能因此而暴露信息来源，对你的参与者来说就显得特别危险。所以请牢记以下规则：若将数据和模型带回给任何人（用户或管理层），一切都必须匿名。否则，参与者有权拒绝主动提供有价值的见解。

7.2.4　有别于任务分析或市场调查

客户可能会说："我们都做了。我们已经做了任务分析和市场调查。"你会如何回应？简单的回答是："它们不一样！"

任务分析 (task analysis) 是一种系统化的人因技术，通过研究任务的结构和任务步骤来检查用户任务。如果任务交织在一起，或者用户需要在工作环境中从一个任务无缝转移到另一个任务，就无法从任务分析中获得足够的见解。

类似地，不能用市场研究 (market research) 来代替使用研究。市场数据是关于销售的，可供确定客户所需的产品种类甚至特性，但无法从中了解人们如何工作或如何为他们设计。这是两种不同的分析，你可能两者都需要。

7.2.5　我们是研究现有的产品 / 系统还是研究新的

无论如何，最后的答案可能是"两个都要"。分析师、设计师和用户可能会强烈偏向于提前考虑新系统，但我们在使用研究中所做的几乎所有事情都是从现有的系统和工作实践开始的。

而对于几乎所有的新产品或系统，几乎都有某种现有的实践。下面来看看苹果公司的 iPod 的例子。

示例：创新的 iPod 仍然沿用"现有"系统

许多人觉得 iPod 从其概念上说是一个独特的创新。但是，考虑到它的使用背景，它其实就是一个个人音乐播放设备 (当然提供了更多功能)。它仍然遵循现有产品的历史，可以追溯到我们有电子音乐播放设备之前。

研究工作活动而不是设备本身，就会发现人们播放音乐已经有很长一段时间了。iPod 不过是又一个用于进行这种"工作"活动的设备而已。当然，这些设备是不断发展并成熟的，最早可追溯到爱迪生发明的留声机，甚至可能更早的其他重现"录制"声音的方法。

如果在第一台留声机之前，没有人以任何方式录制过声音，那么或许你可以说没有"现有系统"可供进行用户研究调查。但这种发明是极其罕见的，是一个纯粹的创新时刻。而且即使如此，你仍然能学到一些关于人们如何聆听现场音乐的知识。任何情况下，从此之后在声音重现方面发生的任何事情都可被视为后续发展 (follow-on development)，可通过用户研究调查来研究其使用。

7.3　数据抽取的目标和我们的方式

总体目标：透过现有用户的视角来理解工作实践，具体就是访问他们的工作环境并了解他们，他们如何开展工作以及他们的工作实践需要什么 (包括他们面临的挑战或障碍以及他们采用的任何变通方法)。

7.3.1　抽取数据以获得全貌

每次这样的调查 (对用户) 都为工作实践提供了一个不同的视角。就像那个著名的"盲人摸象"寓言，因为视角不同，每个盲人感受的都是不同的大象 (8.9 节)。所以，使用研究人员需要收集不同的视角，进行综合，才能获得大象的全貌。

7.3.2　需要真正的侦探工作

为了以后还原完整的工作画面，研究人员需在现场扮演夏洛克·福尔摩斯，做一些真正的侦探工作，找出关于工作实践的线索。对用户实际如何完成工作的观察不要浮于表面。你感知到的更可能是他们应该怎么做 (supposed to do)，甚至他们说他们怎么做 (how they say they do it)。如要求用户描述他们如何做某事，他们往往会跟你讲一个消过毒或者"规范的" (canonical) 流程，而省略了理想化或规定实践之外的重要细节和变通方法。这不怪用户，因为在实践中，这些工作细节往往会被纳入并内化为工作日常任务。另外，人有选择性回忆 (或失忆) 的倾向，有时会在事后歪曲事件的各个方面，所以情况还会进一步恶化。

示例：通过追踪线索发现整个库存领域

有一个追踪线索的真实案例，由为我们的一门课做项目的一个团队讲述。客户从事零售业，访谈的对话部分一直围绕那个概念展开，包括为他们如何为客户提供服务，进行销售，并进行记录。

但在这次对话中，"库存"这个词被提到过一次，是在销售点 (POS) 数据采集的背景下。以前没人问过库存，直到现在才有人提及。

作为优秀的侦探，我们就像是闻到了血腥味的鲨鱼，于是"扑"向这个词，想要从中打开一条新思路。库存怎么了？它在你的销售点数据采集中扮演什么角色？它从哪里来？它如何使用，用于什么？你如何利用库存数据来防止需求物品的缺货？谁负责回添，怎么订购？一旦下单，你如何跟踪订单以免被砍单？新库存发货时会发生什么？如何知道货送到了？谁负责收货，怎么收？如果货品只发了一部分，又怎么办？如何处理退货？

7.3.3　战术目标

理解工作实践生态：了解工作实践之间更广泛的联系很重要，这些联系原本可能不是设计团队的重点。例子包括目标系统的用户赖以完成其工作的外部系统。例如，他们是否使用外部新闻来源、其他服务的数据输入、第三方薪资系统？这些系统如何与其直接系统 (immediate system) 对接才能完成工作？

了解信息层次结构和工作流程：这与绘制当前工作实践中的关键工作流程有关。如果是企业系统的角度，要求提供关键屏幕截图和报告与其他工件的样本 (要求在访问期间打印出来，并为这些工件做笔记)。要求展示他们如何进行这样或那样的活动，包括不经常进行的那些。

了解市场力量和趋势：为了真正做到创新，UX 团队必须理解客户的市场视角、更广泛的趋势、领先者是谁、他们的领域发展方向以及客户对竞争的看法。了解他们喜欢什么、他们的系统哪些更好以及他们有什么不同。例如，如果设计的是汽车，那么了解更广泛的趋势很重要，例如自动驾驶和逐渐放弃化石燃料的趋势。与其他市场数据来源相比，用户提供了一个独特的视角，因为他们一直在这个领域工作，认识这个领域的朋友或者有过从业经验。

下面是数据抽取步骤的一个预览。

- 准备实地访问。
- 对客户和人们将使用产品或系统的地方进行实地访问：
  - 在人们使用现有产品或系统 (或类似的，如果目标产品或系统不存在) 时观察和采访他们。
  - 遇到使用研究数据点时，做原始使用研究数据笔记。
  - 收集与工作实践相关的任何工件。
  - 若时间允许，制作可以提现产品或系统在其物理环境中使用情况的草图、图表和 / 或照片。

从使用研究数据出发而不是从意见出发

大多数时候，早期漏斗 UX 工作都会进展顺利。但在进入后期漏斗并涉及更大规模的团队时，设计思路可能受到挑战。这个时候，需要手上的使用研究数据作为设计争议的中立仲裁者。如果有人认为你的"创新"导致了方向的偏离，而这是一场反对改变现状的斗争，那么从研究数据入手就尤其有用。有时，我们需要使用一种方法来确保设计讨论 / 争论不会只归结为两个平等意见的差异，而是拿使用研究数据来说话。"是的，我们过去就是这样做的，但用户说这并不是最好的做法。"

工件
artifact 或 work artifact

工件是在系统或企业的工作流程中起作用的一个物体，通常有形，例如餐厅里打印的收据 (9.8 节)。

早期漏斗
early funnel

供进行大范围活动的漏斗 (敏捷 UX 模型) 的一部分，通常在和软件工程同步之前用于概念设计 (4.4.4 节)。

7.4 访问前：准备数据抽取

目标：了解关于客户、公司、业务、领域和产品或系统的一切信息，以便在实地访问中做好准备并取得成效。

7.4.1 了解主题领域

做好功课。首先要了解关于产品或系统的主题领域的一切。为复杂和深奥的领域进行设计时，首先与客户和行业专家一起工作。通过该领域更深入的了解，有助于缩短使用数据抽取时间。可以一边进行数据抽取，一边与用户一起验证这种理解。

- 了解工作领域的一般文化。例如，精确和保守的金融领域与悠闲的艺术领域。
- 了解并理解产品或系统工作领域的词汇、技术术语、缩略词或俚语。

不先对一个领域有基本的了解就跑去实地访问，效果可能非常差。对于一些比较深奥的领域，这一点尤其重要，因为该领域的行话和概念集成了大量含义和细微差别。若用户意识到你不了解该领域的基本知识，他们会花大量时间来解释一般性的概念，给你一个关于该领域的现场"导览"，而不是深入讨论他们如何驾驭这些细微差别。这对你和他们的时间来说都是一种浪费。

7.4.2 了解客户公司／组织

遗留系统
legacy system

一种旧的过程、技术、计算机系统或应用程序，它早已过时，可能多年前就出现了维护难的问题 (3.2.4 节)。

- 确定客户的商业目标。
- 通过查看客户在网上的存在 (例如，他们的网站和他们在社交网络、用户组网站和相关博客中的参与情况)，了解客户的组织策略和精神面貌。
- 了解竞争情况。
- 了解这个领域、这个行业和这个公司的相关最佳实践。
- 了解任何现有的遗留系统。

7.4.3 了解提议的产品或系统

- 检查最初的产品或系统概念化文档 (5.6 节)，了解关于系统功能和结构 (甚至系统架构) 的早期说明。
- 了解公司现有和之前的产品的历史。如果是软件产品或系统，下载试用版以熟悉现有设计主题和能力。
- 搜索第三方对现有产品或系统的评论。调查品牌推广、声誉和这个产品细分市场的竞争情况。

7.4.4　决定数据源

为了理解用户工作实践和需求，第一数据源往往是实际使用当前产品或系统的用户。

但取决于项目及其需求、对严格性的要求、观察和采访用户的成本以及用户作为参与者的可用性，可以考虑补充或替代的数据源，具体如下所示。

- 行业专家采访。
- 焦点小组。
- 用户调查。
- 竞争分析。
- 通过教育获得领域知识。
- 成为你自己的领域专家。

1. 采访行业专家

行业专家 (subject matter expert，SME) 是对某一特定工作领域和该领域内的各种工作实践有深刻理解的人。采访行业专家而非用户绝对是一个可以考虑的更快的技术。而且，虽然用户也许能提供最好的使用数据信息 (例如，在实际使用中出现的不可预测的问题)，但行业专家能提供其他重要信息，例如对一个系统应该如何工作的深入看法。他们还能对该领域的一种工作实践的多种变化形式提供更深入的见解。例如，华尔街 "买方" 和 "卖方" 公司有什么不同？此外，他们还可以帮你深入了解同一类型的活动在不同地点是如何进行的。例如，投资银行 A 和 B 的卖方交易员有什么不同？亚马逊等纯在线零售商的供应链与沃尔玛等实体店加在线的组合有什么不同？此外，沃尔玛的供应链与塔吉特的供应链有什么不同？我们的想法是，他们对该领域内不同企业和组织的理念和优势有深入的了解。虽然这些问题与实际工作实践中的细节不一样，后者才是实际干活的地方，但它们对工作实践有深刻的影响。

即使计划采访用户，在与用户交谈之前与行业专家合作，也可以帮助缩短活动时间，让你从一开始就对该领域有更深入的了解。

2. 双料专家

有时，你会幸运地招募到了所谓的 "双料专家" (dual expert)，他 / 她在 UX 和工作领域都是专家。一个例子是某人既是 Adobe Lightroom(旨在帮助专业摄影师后期制作的软件) 的设计师，也擅长摄影。另一个例子是某人既是 GPS 设备的设计师，也是一名卡车司机或者喜欢开着房车到处旅行。

3. 从焦点小组听取意见

焦点小组 (Krueger & Casey, 2008) 是指由一小组有代表性的用户或利益相关方讨论对主持人提出的广泛问题和主题的回应。焦点小组擅长发起对较复杂的问题的深刻讨论，能识别工作实践中广泛的主题和问题。它们有助于发现对比鲜明的意见和这些意见的理由。它们有利于了解情感影响的问题，例如参与者喜欢和不喜欢工作实践的什么，爱它的什么地方，或者讨厌它的什么地方。由于焦点小组通常远离实际工作和工件，所以他们可能不擅长具体的操作细节。和所有讨论组一样，要注意一些常规性的问题。例如，要注意占主导地位的参与者是否有太大的话语权，从而淹没其他人的意见。

4. 进行用户调查

用户调查对于确定主题的优先次序非常好。可以列出工作领域的不同方面，要求用户对其重要性进行排名或评论。也可以要求开放式的反馈，但这些问题通常会受到不良或选择性回忆的影响。还可能受到少数人的偏见的影响：受访者可能因为有不好的经历和发泄的欲望而心存芥蒂。可能还有其他偏见；例如，某些类型的用户可能更乐意花时间参与调查，但他们可能不代表主流用户。

5. 进行竞争分析

基于与市场竞争者比较的分析可以暴露出优势和劣势，并有助于确定能力差距和缺陷。

但是，竞争分析并不能提供对使用情况的洞察力。即使一个产品提供了很多特性，也可能不被用户群体所用。这种分析更像是一种进行功能矩阵比较的营销工具，而不是 用于和使用相关的数据。

6. 通过教育获得领域知识

有时可以通过自学，通过课程和其他培训了解工作领域主题的核心概念、技术、业务实践和趋势，为使用研究做准备。

7. 成为你自己的领域专家

有时，如果你实际上是一个用户 (尤其是产品或设备的用户)，可以依靠自己的经验和洞察力来理解用户和他们的需求。例如，苹果公司的设计师也是苹果设备的用户。而这有时也是苹果公司设计的唯一依据。但一般来说，除非不可能、不可行或者负担不起和用户 / 行业专家的交谈，否则不建议将"自己成为专家"作为唯一的数据抽取途径。

7.4.5　选择访问参数

本章用很大篇幅描述了数据抽取方法结合使用了一些严格的和一些明显高效的方法。不是一个完全严格的方法，但对于 99% 的项目来说已足够严格，尤其是在敏捷环境中。

但是，仍然可以设定一些参数来指导数据抽取的进行。如选择和用户现场做数据抽取，就可以选择一些参数。

取决于项目的性质，是在商业产品的视角，还是在企业系统的视角，是需要严格性还是需要速度，需要为团队做出以下决定。

- 可以或应该做多少次访问？
- 每次访问可以或应该访问多少个用户？
- 要涉及什么样的用户角色和用户？

答案通常可在满足你的目标所需的条件中找到，受预算和时间表的限制。例如，只需进行必要的访问，就能达成理解工作这一目标。根据你需要从每次会话带回的内容，确定一次会话的最有效长度。

不太严格的数据抽取

当预算和进度限制要求你更快地进行数据抽取时，请在参数选择上保持经济并采取一些捷径。

- 采访和观察更少的用户。
  - 选择数量较少但更有经验的用户；要学会从少量的用户中挤出大量有用的信息。
- 对每个用户进行较少的观察和采访会话：
  - 和用户谈论其工作实践只需一天，你就能更好地理解工作领域，为设计带来灵感。
- 巧妙地捕捉（采集）数据；做的笔记要干净整洁，随着以后越来越老练，你会非常擅长即时过滤输入。

这些捷径提高了效率，而且一般不会对完整性和数据准确性带来多大损失。

较严格的数据提取

一些非常大的企业系统，例如一个新的空中交通管制系统，平时极为

（交付）范围
scope (of delivery)

描述在每个迭代或冲刺
阶段，目标系统或产品
如何进行"分块"（分
成多大的块），以便交
付给客户和用户以获得
反馈，以及交付给软件
工程团队以进行敏捷实
现 (3.3 节)。

早期漏斗
early funnel

供进行大范围活动的漏
斗（敏捷 UX 模型）的
一部分，通常在和软件
工程同步之前用于概念
设计 (4.4.4 节)。

后期漏斗
late funnel

供进行小范围活动的漏
斗（敏捷 UX 模型）的
一部分，用于和敏捷
软件工程的冲刺同步
(4.4.3 节)。

样式指南
style guide

由设计师制作和维护的
一份文档，旨在捕捉并
描述视觉和其他一般设
计决策的细节，尤其是
屏幕设计、字体选择、
图像和颜色使用。这些
细节可以在多个地方应
用。样式指南有助于设
计决策的一致性和重用
(17.6.1 节)。

少见，许多 UX 专家都没见过。这些项目可能要求很高的严格性，会提前规定实现这种严格性的具体步骤。在这种极端情况下，可能必须使用额外的严格性来维护数据抽取阶段收集的每个数据项的可追溯性。这通常涉及为每个用户分配唯一 ID，并为用来源 ID 标记每一个使用研究数据项。这样就可保留从该来源衍生出来的所有后续见解的一份记录。我们称之为"使用元数据标记使用研究数据"。

7.4.6　基于范围的数据抽取目标

在敏捷 UX 中，最终可能会在大范围的早期漏斗 (4.4.4 节) 和小范围的后期漏斗 (4.4.3 节) 中进行使用研究。使用研究的这两个阶段通常是两种不同类型的使用研究，发生在整个 UX 生命周期过程的两个不同部分。

在早期漏斗中，你将进行高级使用研究以获得总体概述，以建立系统结构的概述并为广泛的概念设计建立输入。你将专注于高级任务结构和所有用户故事、用户需求和要求。

在后期漏斗中，将专注于一个（或几个）用户故事以获得详细输入，以驱动用于任务排序和导航的低级交互设计。你将收集补充信息来完善模型、回答问题并填补空白。

7.4.7　组织数据抽取团队

目标：挑选一个具有适合此客户和领域的技能的团队，以有效并能够理解此工作实践。例如，选择具有该领域背景的人员，可能包括行业专家 (SME)。

- 决定要派多少人进行访问以及进行多少访问。两个或三个人通常就足够了，但具体要取决于系统的性质。根据预算和时间表设定你自己的限制。
- 决定每次要访问的人员类型（即他们的技能）。例如，用户体验人员、其他团队成员、行业专家和其他熟悉产品领域的人员。多学科混合总是最好的。
- 计划访谈和观察策略以及团队角色。

来自现场的提示：不要派出没有经验的 UX 人员或没有领域知识的人。有一次，我们都很忙，所以派去了一个受过培训但缺乏经验的实习生。结果可想而知，我们也从中汲取了教训。这可能会浪费你的宝贵资源，而且可能造成用户以后不想跟你合作。

7.4.8　招募参与者

如果决定将用户作为数据抽取信息源，就可以做到以下几点。

依靠客户的帮助。从客户那里获得帮助，从潜在用户群体中选择和联系广泛的参与者。

本地招募消费产品的用户。许多消费产品 (比如字处理器软件) 的用户比比皆是，可以招募他们来进行访谈。例如，可通过以下渠道来进行。

- 电子邮件列表。
- 您的网站或客户的网站。
- 社交媒体。
- 客户的客户群。
- 本地广告渠道，例如 Craigslist。

在企业系统视角下，要计划访问多个用户。每个用户可能对更广泛的工作领域的运作方式有不同的看法。包括：

- 该工作实践中的所有工作角色。
- 用户组织外的大客户 (如有可能，还包括客户的客户)。
- 需要直接用户帮他们进行交互的间接用户 (例如，电影院的售票员是售票软件的直接用户，而观影者是间接用户)。
- 管理者。

尽一切努力接触重要但"不可用"的人。对于某些领域的项目，你可能会被告知用户稀缺且通常不可用。例如，管理层可能会拒绝访问关键人员，因为他们很忙，"打扰"他们会花费组织的时间和金钱。

- 提出和这些用户中至少一部分人会面的理由，以了解他们的工作活动以及在新设计中不包括他们的工作的潜在成本。
- 只要求和关键用户见面几小时。要据理力争。

> **用户工作角色**
> **user work role**
>
> 不是指一个人，而是指一项工作分配 (work assignment)，由相应的职位 (job title) 或工作职责 (work responsibilities) 来定义和区分。工作角色通常涉及系统的使用，但某些工作角色可能在被研究的组织的外部 (7.5.4.1 节)。

7.4.9　确定使用研究的环境

使用场景很关键。从企业系统的视角，环境设定 (setting) 是使用系统的为业务组织。从商业产品的视角，环境是使用产品的地方。例如，如果产品是相机，则几乎任何地方都可能是使用环境。

7.4.10　在用户工作环境中观察其需求

尤其是从企业系统的视角，会谈的环境、人员和上下文应该尽可能与平时的工作地点和工作条件相匹配。例如，不要把他们带到会议室，因为"那里更安静，也不会让人分心。"

为避免用户描述一些强制性政策，而不是描述他们平常的实践，一个办法是要求他们演示昨天做了什么（在确定昨天是典型的一天之后），然后让他们放松地完成这些步骤（实际做，而不是回忆）。

11.4 节展示了关于美国社会保障署 (SSA) 如何建立一个全面的生态环境，并在这个环境中进行使用研究和评估的例子。

7.4.11　让管理层理解受访者不能有压力并给予他们诚实评论的自由

确保观察和访谈不会受到不当的政治和监管的影响。用户必须在讲述日常工作实践的"真实"故事时感到自在，并保证匿名。

7.4.12　准备首批问题

建议为最初的面试问题写好脚本，以便有一个良好的开始。这些问题不涉及真正的秘密；就是让他们告诉你并向你展示他们是如何工作的。他们采取了什么操作，他们与谁交互，他们与什么东西交互？让他们展示所做的事情，并以故事的形式讲述什么有效，什么无效，事情会如何出错，等。如果是产品视角，例如数码相机，以下问题可作为起点：用户在拍照时会做什么？他们与谁交互？他们在想什么？他们在拍照时有哪些顾虑和挑战？它在光线不足的情况下工作得好吗？

7.5　访问期间：收集使用数据

7.5.1　提前搭好舞台

- 与客户建立互信，以便有一个良好的开端。
- 解释到访的目的是为了了解人们如何使用（或即将使用）他们的产品或系统，并为设计提供思路。
- 解释要采用的方法。
- 如有必要或者适合，承诺要为个人和公司保密。

7.5.2　采访与观察：他们说的和做的

观察可能是必要的。观察（一种基本 UX 技术，2.4.1 节）可帮助你以独立的眼光看待工作活动。用户有意识地描述他们所做的事情并非总是那么容易，尤其是在已经内化的工作中。众所周知，人类在方面是不可靠的。Simonsen and Kensing(1997) 解释了为什么访谈作为一种单独的数据抽取技术是不够的："受民族志启发的方法的一个主要观点是，工作乃是一种社会组织的活动，其实际行为有别于行为者的描述。"

访谈可能是必要的。用户的叙述可以通过有关动机、感受和其他"隐藏"方面的信息来增强你的观察。要让你的参与者展示他们使用产品或系统的所有方式，并让他们"出声思考"。

如只采取观察的方式，你可能会错过一些重要的点。在任何给定的观察期内，一个重要的问题可能根本不会出现 (Dearden & Wright, 1997) 例如，一些薪资任务只在月底发生。除非在那段时间去拜访，否则唯一的办法就是让他们假装现在是月底，实际操作一遍，看看典型的薪资任务是如何发生的。

出声思考技术
think-aloud technique

一种定性的实证数据收集技术，参与者口头表达对交互体验的想法，包括他们的动机、理由和对 UX 问题的看法。在识别 UX 问题时特别有用 (24.2.3 节)。

7.5.3　关于成功数据抽取的提示

倾听用户的诉求。虽然你的团队的工作是从使用研究数据中推断需求和要求，但用户也会建议他们想在系统中看到的东西。记录任何设计建议的原始数据，询问用户提出这些建议背后的原因。在使用研究分析中，这些笔记对于作为需求提供给用户故事的输入是必不可少的。

与用户合作。帮助参与者理解你必须深入了解他们使用情况。让他们讲述有关他们的使用情况以及他们对产品或系统的感受的具体故事。

做一个好的倾听者和侦探。让用户就具体问题进行讨论和探讨。

- 不要期望每个用户对工作领域和工作都有相同的看法；提出有关差异的问题，并找到方法将他们的观点结合起来以获得"真相"。
- 捕捉正在发生的细节；不要等待，然后尝试记住它。
- 做一名有效的数据雪貂或侦探；跟随线索并发现，偏离剧本，提取，"梳理"并收集"线索"。
- 准备好适应、修改、探索和扩展。

避免插入自己的个人观点。不要就用户可能需要什么提出你的意见。不要引导用户或介绍自己的观点。要用问题来跟踪线索，不要提出一些让用户确认的假设。例如，请考虑以下用户评论："我在买票时需要隐私。"不要这样问："你的意思是，当你在搜索活动和购买门票时，不希望排队的其他人知道你在做什么？"如果这样问，用户可能回答："是的，这就是我的意思。"但是，处理这种用户评论更好的办法是提出一个跟进的问题，例如："你能详细说明'你需要隐私'是什么意思吗？"

7.5.4 要获取的信息类型

具体说来，需要获取两种信息：特定的以及常规的。

1. 要获取的特定信息

在访谈和观察以抽取数据时，要留意特定类型的使用研究数据。

- 用户工作角色 (9.3.1 节)。
- 用户画像 (9.4 节)。
- 用户故事和需求的输入 (8.3.1 节)。
- 工作实践工件 (9.8 节)。
- 信息和工件的流动 (9.5 节)。
- 用户任务 (9.6 节和 9.7 节)。
- 物理工作环境 (9.9 节)
- 信息架构 (9.10 节)
- 拍照机会

下面对这些进行了简要解释。

用户工作角色。用户在使用系统工作时承担了哪些工作角色 (即用户所执行的工作，由其负责的任务集定义)？ 扮演这些角色的人有什么特征？ 每个角色的人要做什么？ 这些角色的不同人如何协作？ 制作一个带有注释的简单工作角色列表。

用户画像信息。用户画像是一种 UX 设计工件，用于指导设计以满足各种不同类型用户的需求。用户画像帮助设计师专注于特定的用户特征，而不是试图为所有用户甚至"普通"用户进行设计。数据抽取是寻找信息以构建用户画像的好时机。虽然可在执行其他类型的数据抽取时获取此类信息的片段，但可能需要专门进行一次简短的采访才能获得全部细节。

示例：Lana 和 Cory 如何在日常生活中看待和安排娱乐活动

下面是我们在设计售票机 (TKS) 系统期间为了创建用户画像而进行的一次采访的摘录。它演示了为了进行数据抽取而采取的问答方法，强调了构建画像时的具体学习目标。

*Cory：*我们每周都要做几件不同的事情，为生活增加一些变化。包括看电影，参观博物馆，和朋友出去玩，以及在近郊旅游一下。

我们还有一些季节性活动，例如远足或在海滩游泳。所以，如果能在售票机上知道一些徒步旅行的好地方，以及有关自然景观和各种小径难度的信息，那对我们来说会很棒。

用户工作角色
user work role

不是指一个人，而是指一项工作分配 (work assignment)，由相应的职位 (job title) 或工作职责 (work responsibilities) 来定义和区分。工作角色通常涉及系统的使用，但某些工作角色可能在被研究的组织的外部 (7.5.4.1 节)。

我们的一个主要关注是城里正在举办的活动。我们基本上都是听别人说的，肯定还有许多我们没有听说过的活动。许多活动我们都参加了，觉得很有趣，但我们不得不经常询问朋友才晓得这些信息。如果有一个资源能可靠地提供这方面的信息，而不必每次都自己去找，那就太棒了。例如，如果公交站有你们说的这种售票机，我们肯定会去看看，在上面查一些新闻。就像是纽约的出租车系统；他们后座有一个显示屏，可以提供有关天气、新闻和娱乐的信息。

Lana：我经常坐公交，一般都要等一会儿。在这个时候，如果能够获得有关当地和附近地区的城镇活动的信息，例如节日，尤其是周末活动的信息，那就太好了。

问：让陌生人越过你肩膀上看你正在看的东西，会让你觉得困扰吗？

Lana：不，这不个是问题。我们会在公共场合做其他许多事情，比如使用ATM，这通常都不是问题。如果在售票机上买票，你会希望确保财务方面的安全。

Cory：如果能多摆几个小型售票机，多个人都能同时使用，就不会出现有人从你的肩膀看的问题了。

在一个公交车站，人们都为了同样的目的而呆在那里，所以在等公交车来的时候，会有少量的共同目标和一点友情。所以有一个共同的纽带，但每个人都有自己的个人空间也很好。另外，如果能为他们提供共同专注的一些东西，就可能成为聊天甚至讨论事件和娱乐相关话题的基础。一方面，在等车的时候，它可以成为一个社交促进者和一个有趣的消遣。有人可能会问是否有人看过某某电影，有人可能会对这部电影有不同的看法，这样气氛就搞起来了。

但最终，我们能从一个只能被动接收活动（事件）信息的资源中获得最大价值。

Cory：公交车站和火车站的售票机对于外地游客也很有价值。

问：你希望或期待从这样的售票机获得什么？

两个人：有一样东西可以提供：关于公共服务的公告。其中，我们希望看到"乘车礼仪"的提醒，包括不要大声喧哗和手机外放等。优秀的设计师会将这些公告以有趣的方式包装，而不是被乘客鄙视。

Lana：我在想这样一种情况，我在售票机上看到了我认为很有趣的一些东西，我想在回家后展示给 Cory。例如，这个周末可能会在某个雕塑园举办爵士音乐节，我想让 Cory 知道这件事儿。如果能按一个按钮，或者扫一下码，就可以生成某种链接，或者下载到我的 iPhone 或 iPod，那就太好了。不过，用个人设备接收来自公共机器的下载，可能存在安全、病毒等风险。你们或许可以为这种终端提供某种形式的免费"订阅"，从而让用户能自主地向自己发送信息。另一个可能更安全的做法是提供与每个不同屏幕关联的"关键字"。可以记下要共享的屏幕的关键字，然后其他人可以在另一个终端搜索该关键字。

公共终端另一个有趣的娱乐信息选项是从流行网站 (如烂番茄和豆瓣) 查看电影评论的功能，以及让公众为娱乐活动发表评论的功能。例如，我可以为我真的不喜欢的电影发表评论，就像人们在 Amazon.com 上对商品进行评论一样。这个评论会成为所有售票机用户关于该电影的全部信息的一部分。当然，还是和亚马逊网站一样，为保证公平，防范一些职业差评君，要允许赞成或反驳别人的评论 (赞和踩)。

Lana：作为对我们日常工作的一种平衡，我们都渴望学习和个人成长的机会，所以我们寻求更丰富、更有趣的娱乐，能挑战我们智力的娱乐。所以，我们希望娱乐活动的范围包括交响乐、芭蕾舞、博物馆、现代舞表演和歌剧。

但另一方面，大脑有时需要休息，所以会寻求一些傻瓜式的娱乐，凡是能让我一乐的都可以。

用户故事的输入。用户故事是对特定工作角色中的用户需要的一个特性或功能以及为什么需要的一个简短叙述。用户故事被用作敏捷 UX 设计的"需求"。在数据抽取过程中，要寻找的最重要的一样东西就是写用户故事的基础。当你观察用户和用户谈论他们的工作实践时，尝试确定能生成好的用户故事并随后能驱动敏捷 UX 设计的情况。其中包括关于想要或需要哪些功能的声明，以及关于需由多个工作角色的人完成的事情的信息。要注意能反映特定问题或机会的一些非常具体和低级的用户需求，以及这些需求的动机和潜在回报。

用户需要什么功能，为什么？你甚至可以专门提一些问题来挖掘和所需功能或子功能相关的信息。在实践中，作为用户故事输入的数据抽取已扩展到包括大多数关于需求和所需功能的信息，无论它们是否明确来自用户之口。参见 10.2.1 节，了解用户故事在设计需求中的进化角色。

工作实践的工件及其使用方式。作为其工作实践的一部分，用户要采用、操作和共享哪些工件？在使用研究数据抽取期间收集的工件提供了对工作实践的丰富理解，对于团队后期的沉浸至关重要。当我们采访使用这些工件的不同角色时，它们也是数据抽取时很好的对话道具。

工件模型显示了在开展工作的业务过程中如何使用和构建有形元素 (纸张、其他物理或电子对象)。 例如，客人对账单、收据和菜单是与餐厅的工作实践相关的常见工件，它们用于食物的点单、准备、上菜和收费。由于几乎每家餐厅都一遍又一遍地使用这些工件，所以它们提供了展开讨论的基础。

沉浸
immersion

对手头的问题进行深入思考和分析的一种方式，目的是在问题的背景下"生存"，并为问题的不同方面建立联系 (2.4.7 节)。

什么东西要和这种工件配合来进行接单？会有哪些故障？一个人的笔迹如何影响这部分工作活动？服务员和客人之间的交互是怎样的？服务员和后厨如何交互？

使用研究数据抽取团队必须密切关注并记录工作实践工件的创建、交流和使用方式。提出问题以抽取关于工件角色的信息。这些表格上做的那些注释是什么？为什么表格的一些字段会留空？为什么这个表格上有便利贴？也许其他类型的文档需要签字批准。该模型是观察和采访人员在对用户进行使用研究数据抽取而进行的实地访问期间必须收集尽可能多工件的原因之一。

除了物理工件，不要忘记询问作为工作实践流程一部分的电子对象，例如电子邮件的打印稿、软件中的输入表单、屏幕截图等。

信息和工件的流动。在使用研究的背景下，工件是对所研究的工作实践很重要的对象。例如，它可以是餐厅的收据或汽车维修店的车钥匙。随着工作的完成，信息和工件如何流经系统？如果您有时间，用简单的草图 (例如，流程图) 捕捉流数据会很有帮助。如果您有更多时间 (我们说过您可能不会)，请与用户一起检查您的流程图，看看他们是否同意。

用户任务。在任务和子任务的简单分级 (缩进) 列表中捕捉关于任务结构的数据。以少数几个顺序步骤的形式捕捉有关一个给定任务如何执行的数据 (可穿插系统反馈)。

物理工作环境。工作空间的物理布局如何？它对工作实践有什么影响？

信息架构。用户访问、操作、共享、输出或存档哪些信息作为其工作的一部分，这些信息如何针对存储、检索、显示和操作进行结构化？

拍照机会 (photo ops)。如有可能，拍摄实际工作实践的照片来作为使用研究数据的补充。尤其要找机会拍摄实际的工作环境和所用的工件。

2. 要获取的常规信息

惊喜，不管是有趣的和不寻常的，好的，坏的和丑陋的。除了正常预期，还要留意设计中要强调的不寻常的东西——惊喜、有趣的环节、兴奋和喜悦。出于同样的原因，也要注意负面的意外、失望和故障——这些东西要在设计中避免或修复。

工作 / 游戏实践中的情感和社会因素以及意义性。在商业性的产品领域，尤其是相机、手机或音乐播放器等个人消费类电子产品，情感影响可

信息架构
information architecture

为了组织、存储、检索、显示、操作和共享信息而设计的结构。此外，信息架构还包括对标签、搜索和导航信息进行设计 (12.4.3 节)。

能在用户体验的使用和设计中发挥核心作用。有什么证据可以证明使用中的愉悦、美感和乐趣？为大同小异的东西做设计有哪些机会？

你可能需要更深入地挖掘，才能从企业系统的视角看到情感影响的证据。可能发现客户和用户不愿提及其工作实践中的情感因素，因为他们认为那些事情和个人感受有关。他们可能觉得这在技术和功能需求的背景下不合适。所以，必须更加努力，才能了解工作实践的情感和社会因素。例如，人们在何时何地玩得开心？他们玩的时候在做什么？人们觉得无趣时，又会去哪里找乐子？

如果是从企业系统的视角，情感影响和意义性也可能以消极的形式出现。可能会想办法对抗枯燥的工作。是否有人暗示，哪怕是含蓄地暗示，他们希望自己的工作不那么无聊？无聊又怎么办？

哪里有压力？哪里可以从美学和乐趣的角度来缓解一下压力？当然也要注意在哪些工作情况下，加入乐趣或惊喜会使人分心、会有危险或引起其他的不适。

长期的意义性。意义性 (meaningfulness) 是一个长期的现象，一般和产品视角相关，但它也可能发生在系统视角。使用的长期情感因素有哪些？使用的哪些部分需要较长的时间才能学会？用户生活中的哪些位置适合系统或产品的"存在"？

考虑一下像数码相机这样的产品，它不是用户一时进行交互后就忘掉的东西。在一个人的生活和生活方式中，像这样的私人物品可以发展成在情感上接受的对象。随身携带相机的时候越多，这种情感联系就越牢固。如果只是访问一次并提一些问题，将无法观察到这种行为。这意味着可能需要观察用户的长期使用模式，因为随着时间的推移，人们会发展出新的用法 (参见稍后的"随行观察"小节)。

另外，意义性超越了直接使用。例如，相机的品牌对携带它的人意味着什么？一件个人产品对所有者有何意义？设备的风格和形式如何，它和用户的个性有什么相关性？用户是否会将相机与美好的时光和假期联系起来，外出拍照时将所有烦恼抛在脑后？

随行观察和用户旅程。就意义性进行数据抽取时，可受益于一种称为随行观察 (shadowing，又称"影子用户") 的特殊技术。随行观察是一种用户观察技术，UX 人员将跟随用户，记录其日常工作中的典型用法。这种技术通常是纯粹的观察，观察者不会提问题、发表评论或试图影响用户的行为。如果不同类型的使用涉及多个位置之间的移动，观察者会跟着一起行动，并记录所谓的"用户旅程"(user journey)。

在企业系统的视角中，随行观察也很有用。例如，访问医院可能涉及多种环境下的用户体验之旅。首先是驱车去 (甚至寻找) 医院。到达时，可能出现标牌过多和停车难的问题。然后，从十几种可能性中找到正确的入口，找到挂号窗口，去到正确的科室。一边等待一边自娱自乐。最后终于看到了医生。在此之后，还必须进行后续预约，这意味着要检查自己的日程表，缴费并去药房拿药。最后，回到停车场寻找自己的车子。

示例：蛇形手电筒，通过用户旅程来理解工作实践

我们在 1.5.3 节使用的例子还说明了为什么它有助于理解你的用户如何进行活动，以及他们如何使用产品和系统。这个展示了现场用户研究调查有效性的例子来自"消费手电"这一看似平凡的领域。上个世纪 90 年代中期，百得考虑进军手持照明设备，但又不想在普通消费手电领域和一大帮人混战。

为了获得新的想法，一些设计师跟踪了真正的手电筒用户并记录了其客户旅程。他们观察了人们实际使用手电筒的情况，发现了在工程师和设计师之间或者在消费者焦点小组平常进行的头脑风暴中从未提及的一项功能。在汽车引擎盖下、厨房水槽下、壁橱和阁楼下观察到的实际使用中，超过一半的人表示需要某种免提的用法。

为此，他们制作了一种可以弯曲成型并且可以自行站立的手电筒。一夜之间，蛇形手电筒成为百得历史上产量最大的产品，尽管它比市场上其他手电更大、更重而且更贵 (Giesecke et al., 2018)。

基于活动的交互数据和更广泛的生态。活动 (activity) 是一组相关的任务线，它们协同工作以达到更高级的目标。活动通常涉及多个重叠任务的序列，这些任务在更广泛的生态系统中协同工作，而非仅涉及给定任务的上下文。

如 1.6.2 节所述，Norman (2005) 用智能手机来举例说明基于活动的方法："结合了行事历、日记和日历、笔记、短信和相机的移动电话可以很好地支持交流活动。这种单一的设备整合了多项任务，包括查号码、拨号、通话、记笔记、查看日记或日历以及交换照片 / 短信 / 电子邮件。"

要找出为基于活动的交互提供支持的使用数据。另外，如有可能，要尝试根据活动而不仅仅是单个任务来组织使用研究数据。

7.5.5　捕捉数据

"事件流"笔记。客户和用户都很忙，所以你通常不会有太多时间和他们在一起。在访问期间，尤其是对于不熟悉的工作领域，除了做笔记，你通常没有太多时间。我们称其为"事件流"(stream of occurrence) 笔记，因为你只是在事情发生的时候把它记下来，将其添加到你的笔记集中，现场没有任何时间去尝试解释或组织它们。

如熟悉该领域并且事件发生的节奏不太快，可考虑画一些草图来表示工作流程和其他重要特征。

手写笔记。根据我们的经验，最流行的记笔记的方式是在笔记本上手写。手写的好处是对数据抽取过程的干扰最小。此外，它能灵活地快速画一些草图，还方便为笔记或任何工件加注释。

在笔记本电脑上打字。有些人更喜欢在笔记本电脑上打字。如果打字速度快而且在数据抽取环境中使用笔记本电脑不显眼，这可能有用。但用电脑打字必须避免以下几点。

- 分散注意力。
- 让用户觉得被冒犯。
- 给用户留下自己所说的话会被"记录在案"的印象。

用笔记本电脑捕捉数据的好处在于，电子版的笔记容易分享。

基本不录音。如果对领域不熟悉，而且用户现场说的大多数东西对你来说没有多大意义，就可考虑对他们说的话进行录音。但是要注意下面两点。

- 这不是数据抽取的高效使用。
- 不要忘记，录音一时爽，转文字愁断肠。

所以，在几乎所有情况下，我们都不建议在现场进行数据抽取时录制音频或视频。一般没有这么多时间去处理，它通常太复杂了，投入多，回报少。

7.5.6　高严格性需要保持与数据源的联系

如果使用研究数据和模型组件需要高严格性和可追溯性 (traceability)，要求能够追溯到原始来源，可以用"数据来源 ID" (data source ID) 标记原始数据笔记。这些 ID 标记了是从哪个人那里抽取的数据。使用 ID 而不是人名是为了保持匿名。将名字和 ID 清单放在一个安全的地方。

如过程后期对数据出现了疑问、分歧或解释上的问题，就可以追溯到原始来源。大多数项目都不需要这种程度的严格性。

示例：用来源 ID 标记原始数据记录

下面是一个原始数据笔记的例子，它描述了购票者工作流程模型中的一个障碍。它标记为 "8"，代表从中抽取数据的人员的 ID：

> 很难在售票窗口从售票员那里获得关于活动的足够信息。我想自己找活动，而不是依赖售票员来进行所有的浏览和搜索。[8]

7.5.7 做好原始数据笔记

- 要简明扼要
  - 只记重点
  - 避免一字不差地引用
  - 消除叙述中的水分
- 原始数据笔记尽可能模块化
  - 转述和合成
  - 记录每个工作活动
  - 一个简单的陈述点
  - 易读
  - 一眼就能明白
  - 只包含一个概念、想法或事实

工作活动笔记
work activity note
简明扼要和基本 (仅和一个概念、想法、事实或主题相关) 的一个陈述，记录从原始使用研究数据中合成的有关工作实践的一个点 (8.1.2 节)。

练习 7.1：为你选择的产品或系统进行使用研究数据抽取

目标：实践使用研究数据抽取

活动：这个练习的最佳情况是作为一个团队工作并有一个真正的客户。

如果和团队合作但没有真正的客户，请将团队成员分为用户和访谈人，并进行角色扮演练习。如果是一个人工作，请邀请一些朋友参加你著名的比萨 - 啤酒 - 使用研究派对，让他们扮演用户并对其进行采访。我们发现，遵循以下顺序将获得最佳结果：吃披萨，做练习，喝啤酒。

尽最大努力进入状态，假装你和用户处于所调查领域的真实场景。当你提出问题并听用户谈论他们在该领域的工作活动时，每个访谈人都记录他们自己的原始数据笔记。

交付物： 至少几页手写或打字的原始使用研究数据笔记。将笔记中包含的一些有趣的例子 (一些意想不到的或独特的) 拿出来分享。

时间安排： 假设一个相对简单的领域，我们预计本练习约需 1~2 小时。

7.5.8　充分利用数据抽取

总的来说，为了从对使用研究数据抽取的投入 (你和用户的投入) 中获得最大价值，需要提前做好功课并成为敏锐的观察者。

陌生的领域。如果你是 UX 专家，对工作和问题领域了解不多，可能会发现数据抽取的效果不如人意思。可能只会获得有关该领域的入门教程，并不能了解工作实践的多少微妙之处。如果是这样，在现场将时间花在和参与者相处上恐怕并不是一个好主意。

在这种情况下，设计师的大多数时间都花在理解各种行话、概念和术语上。用户没时间教育设计师，因为他们很忙，时间很宝贵。这可能是这种时候数据抽取访问不是特别有用的主要原因。不克服术语和一些深奥知识所造成的障碍，就不能真正理解用户的需求，这场对话最终只能以对设计师的一场浮于表面的教育而告终。

获得"大象"的全貌。使用研究的目标是将不同的观点拼凑成一张全景图。这就像盲人摸象，他们感受到的是大象的不同部位，并对大象是什么有不同的理解。所以，研究人员应该不断寻找变化、故障和用户当前采用的临时变通方案。他们要找出用户当前已经适应了的一些矛盾和对立之处。

第 8 章

使用研究数据分析

本章重点

- 把原始数据笔记合成工作活动笔记，对使用研究相关数据进行萃取
- 做好工作活动笔记：
  - 基本 (关于一个想法)
  - 简明扼要
  - 完整
  - 模块化
- 提取作为用户故事和需求输入的工作活动笔记
- 提取作为使用研究模型输入的工作活动笔记
- 整理剩余工作活动笔记：
  - 用于组织少量数据的简单方法
  - 为量较大的数据构建 WAAD
- 大例子
- 合成用户工作实践、工作领域、用户需求的"大象"

8.1 导言

8.1.1 当前位置

在每章的开头，都会以"当前位置"(You Are Here) 为题，介绍本章在"UX 轮"(The Wheel) 这个总体 UX 设计生命周期模板背景下的主题 (图 8.1)。在"理解需求"生命周期活动中，本章讲的是"数据分析"细分活动。在这个细分活动中，将分析第 7 章抽取的使用研究数据，进一步理解要设计的这个新系统的工作场景。

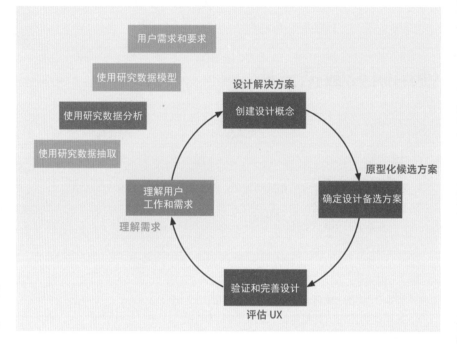

图 8.1
当前位置："理解需求"
生命周期活动的"使用研
究数据分析"细分活动。
整个轮对应的是总体的生
命周期过程

8.1.2   "使用研究分析"细分活动概述

"使用研究分析"(usage research analysis) 的总体目标是理解用户在要
设计的产品或系统的更广泛工作领域中的工作实践。

如果要设计的系统或产品很大、不熟悉以及 / 或者领域复杂，在面对
大量使用研究数据抽取结果的时候，大家可能会不知所措。这个时候，需
要借助于 UX 过程的力量来提炼和组织使用研究数据。

工作活动笔记 (work activity note) 是一个简明扼要的、基本 (仅和一个
概念、想法、事实或主题相关) 的陈述，记录从原始使用研究数据中合成
的有关工作实践的要点。

使用研究分析的主要细分活动 (参见图 8.2) 包括以下子目标：

- 目标：提炼你在使用研究中发现的本质
  - 从原始数据合成工作活动笔记
- 目标：枚举用户在系统或产品中需要的特性和功能
  - 提取作为用户故事和需求输入的工作活动笔记 (8.3 节)
- 目标：以可共享的形式捕捉和解释工作实践的不同方面

　　□ 提取作为数据模型输入的工作活动笔记或将笔记直接集成到数据模型中 (8.4 节)
■ 目标：在零散的信息摘要中捕捉工作实践、经验教训或见解的其他细节：
　　□ 将剩余工作活动笔记摘出来作为工作活动亲和图的输入 (8.5 节)
■ 目标：创建对工作实践的总体理解的表述，不包括已经在模型中的东西：
　　□ 将剩余的工作活动笔记组织成类别 (8.6 节)，可使用工作活动亲和图 (8.7 节)
■ 目标：理解领域和工作实践的全景 (8.8 节和 8.9 节)。
　　□ 合成全部使用研究数据

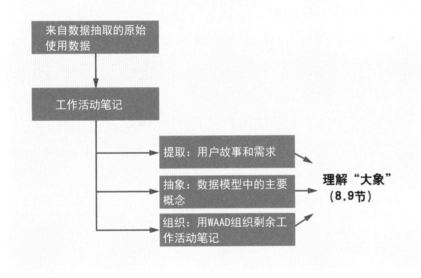

图 8.2
使用研究数据分析流程图

领域复杂性
domain complexity

相应工作领域的复杂程度和技术性质 (可能比较深奥)。领域复杂系统的特点是系统各个部分在工作和沟通时会采用一种复杂和精细的机制，有一个包含多种依赖关系和沟通渠道的复杂工作流程。例子包括空中交通管制系统和用于分析石油勘探地震数据的系统 (3.2.2.3 节)。

合成
synthesis

也称为"综合"，即整合概念各部分的不同输入、事实、见解和观察，以进行归纳，从而刻画 (characterize) 和帮助理解总体概念的一个过程 (8.9 节)。

8.2 合成工作活动笔记，对使用研究相关数据进行萃取

将每个原始数据笔记都分解为它的多个工作活动笔记。每个工作活动笔记都要简短而完整、独立且模块化。与 UX 工作室中的团队展开合作，对收集到手的原始数据去芜存菁。

1. 从来自第 7 章数据抽取的一组原始使用研究数据笔记开始。

2. 依次查看每个原始数据笔记。

3. 针对每一个原始数据笔记，依次合成它的每一个工作活动笔记。

8.2.1   工作活动笔记可以手写或录入笔记本电脑

虽然用纸片或便利贴也可以记工作活动笔记，但有时需要考虑捕捉它的电子版，无论是用字处理软件、电子表格还是直接录入某个数据库系统。这样可在必要的时候共享、编辑和打印。

8.2.2   每个工作活动笔记都要强调基础性

工作活动笔记引用了或者与一个概念、想法、事实或主题相关。基本 (elemental) 意味着该笔记需要简单，不要和其他主题混在一起，而且强调基础性。每个笔记都要简明扼要。

示例：为 TKS 合成工作活动笔记

考虑以下原始数据笔记：

很难在售票窗口从售票员那里获得关于活动的足够信息。我想自己找活动，而不是依赖售票员来进行所有的浏览和搜索。

只需将两个句子分开，就能合成出至少两个基本的工作活动笔记：

很难在售票窗口从售票员那里获得关于活动的足够信息。
我想自己找活动，而不是依赖售票员来进行所有的浏览和搜索。

后一个句子可简化成：

我想自己浏览和搜索我自己的活动的票。

示例：为 TKS 合成工作活动笔记

作为为 TKS 合成基本笔记的另一个例子，请考虑以下原始数据笔记：

我想及时了解社区的最新娱乐动态。我特别想了解最新和流行的活动。

同样，至少有两个工作活动笔记可以通过将两个句子分开来合成：

我想及时了解社区的最新娱乐动态。
我特别想了解最新和流行的活动。

示例：合成工作活动笔记

这个例子中，让我们从以下原始数据形式的用户评论开始：

很难在售票窗口从售票员那里获得关于活动的足够信息。我总觉得还有其他好的活动可以选择，但就是不知道有哪些。但是，售票员通常不愿或无法提供太多帮助，尤其是售票窗口很忙的时候。

合成之后，就得到下面这个简明的笔记：

我想自己找活动，而不是依赖售票员来进行所有的浏览和搜索。

8.2.3 每个工作活动笔记都要简明扼要

- 过滤所有噪音、水分和废话。
- 改述、浓缩和提炼——将一切归于本质。
- 使每个工作活动笔记易于阅读和一目了然。
- 提出一个清晰、具体和重点突出的观点，传达所讨论问题的实质。
- 同时保留原意，忠于用户意图。

示例：简明扼要的数据笔记

考虑以下原始数据笔记：

经常排长队，售票员经常太忙，无法为活动的选择提供太多帮助。另外，等售票窗口的售票员真的愿意帮你的时候，也很难从他 / 她那里获得足够的活动信息。

可将其转述并浓缩为以下简明笔记：

我不喜欢从中央售票处买票。
售票处经常排长队。
售票员经常太忙而无法提供帮助。
我无法从售票员那里获得足够的活动信息。

示例：简明扼要的数据笔记

考虑下面这个相当长的原始数据笔记：

我希望城里能看到售票机。我会试一下，也许会用机器买城里的活动的票。我也会用它查信息。售票机必须靠近我居住、工作或购物的地方。

前两句话基本是在"灌水"。就是一些评论，没有太多关于设计的内容。它们不会成为工作活动笔记。第三句话可理解为关于使用售票机作为社区信息来源的一般性陈述，其简明版本如下：

用售票机作为社区信息来源。

最后一句话可合成并概括为关于售票机位置的一个笔记:

售票机要靠近人们居住、工作和购物的地方。

8.2.4   每个工作活动笔记都要完整

要具体,避免含糊其辞。合成工作活动笔记时解决有歧义和缺失的信息(下一节会更详细地介绍完整性)。

8.2.5   通过保留上下文使每个工作活动笔记模块化

这种情况下的模块化意味着每个笔记都足够完整,可独立存在,每个人都能在不参考其他笔记的前提下理解它。每个笔记都应该是单一主题的片段,可独立于其他笔记重新排列、替换、合并或移动。为了对笔记进行分割使其变得最基本 (elemental),模块化意味着分割出来的每一部分都要保留从其同伴那里获得的任何上下文。

不要使用"这个"、"它"或者"他们"等不定代词,除非所指对象已在同一笔记中澄清

推而及之,要确保每个工作活动笔记都不包含未澄清的引用。要说明一个人所代表的工作角色,而不要用"他"或"她"。添加字词来解释对代词或其他上下文依赖项的引用,消除歧义。

示例: 分割时不要丢失上下文

对潜在客户很重要: 为了以最快的方式获取所需信息,这样的一个方法绝对关键,尤其是在你已经知道活动名称的情况下。

这是基本笔记不能这样记的一个例子。该笔记在它之前的一部分割后,"这样的一个方法"会让人不知道指代的是哪个方法。

示例: 分割时保留上下文

但考虑到交易量和使用方式,无论多么小心,它(出票打印机故障)都可能发生。然后怎样办?需要打客服电话(例如,只能和公司的代表联系)。

注意，这里在提到"它"时，用圆括号中的内容澄清了该不定代词。

示例：在数据笔记中避免未澄清的不定代词

假定一个笔记更进一步模块化时，生成的一个笔记如下：

他没问我想不想看电影。

原始笔记在拆分时，这部分应该这样消除歧义：

售票员没问我想不想看电影。

示例：在数据笔记中不要使用未澄清的不定代词

从系统角度来看，更容易的方案是不要在售票机上打印票，但没人希望这边买了票，另一边还要等票送到家。马上拿到票是一个很大的信任问题，所以我们需要这样做。

如果这两个句子要为了模块化而进行分割，你需要解释第二句话中的"这样做"是指什么：

马上拿到票是一个很大的信任问题，所以我们需要在售票机上打印票。

8.2.6　和工作活动笔记一起提供的其他信息

如原始数据中存在关于依据 (rationale) 的信息 (为什么用户有某种感觉或做某事)，应考虑和相应的工作活动记录一起提供。

下面是一个包含依据信息的示例笔记：

我购票后不需要小票，因为我担心可能被其他人拿到并盗用我的信用卡。

可将其归纳为关于信用卡资料安全性的一个更常规的依据：

极高的优先级要求如下。

(1) 必须保护用户信用卡资料。

(2) 提供不打印小票的选项。

(3) 在小票上为支付信息打码 (如卡号中的几位用星号表示)。

针对笔记中的一个想法或概念，如果其依据存在两方面的原因，请将其拆分为两个笔记 (要重复上下文)，因为这两个笔记最终可能会出现在不同的地方。

8.2.7　高严格性需要保持与数据源的联系

如果使用研究数据和模型组件需要高严格性和可追溯性 (traceability)，要求能够追溯到原始来源，可以用 "数据来源 ID" (data source ID) 标记工作活动笔记。这些 ID 标记了原始数据笔记是从哪个人那里抽取的。来源 ID 标记是从相关的原始数据笔记传递给工作活动笔记的。

如过程后期对数据出现了疑问、分歧或解释上的问题，就可以追溯到原始数据来源。大多数项目都不需要这种程度的严格性。

示例：用来源 ID 标记工作活动笔记

在 7.5.6 节最后的例子中，用一个原始数据笔记描述了购票者工作流程模型中存在的一个障碍，并标记了来源 ID "8"。这是我们采访的那个人的唯一标识符。最佳实践是不要直接写真实姓名，并在其他地方维护 "姓名 -ID" 映射来予以保密。在分析过程中合成的工作活动笔记也保留了该标记：

一般很难在售票窗口从售票员那里获得关于活动的足够信息。[8]

8.2.8　预览工作活动笔记分类

为了描述这一过程并进行实践，最简单的方法是每个工作活动笔记都只在一个 "类别" 中使用。在这里，我们将 "类别" 一词用于工作和需求的不同表述 (例如，模型、用户故事和 WAAD 都是一个 "类别")。然而，虽然这样说是为了方便，但有时给定的工作活动笔记可能在不止一个地方有用，以形成对数据的不同观点。所以，我们建议采用任何可能的方式使用 "使用研究数据" 以全面理解 "大象" (参考 8.9 节盲人摸象的寓言，每个盲人 "看到" 的大象都不同)。这里的 "大象" 即工作实践和工作领域。

对工作活动笔记分类时，只需将其分类为各种类别的输入。还在还没有到从这些笔记中写用户故事、需求或建模的时候 (除非是将笔记合并到一个现有的模型中，而且这样做和把它分为 "建模" 类别一样简单)。

总之，首先要从刚刚从原始使用研究数据中提取的全套工作活动笔记开始。

(1) 提取作为用户故事或需求的输入的工作活动笔记，把它们放入一个用户故事和需求堆中。

(2) 提取作为数据模型输入的工作活动笔记，把它们放入一个数据模型

堆中 (有经验的 UX 专家也可能直接把它们合并到现有模型中)。

(3) 将剩余的工作活动笔记作为工作活动亲和图 (WAAD) 的输入，把它们放到自己的一组。

8.3　提取作为用户故事或需求输入的工作活动笔记

可以从工作活动笔记中提取信息作为用户故事或需求的输入。

8.3.1　用户故事和需求

需求是要包含到设计中的一样必要的东西的声明，可以小范围或大范围，可以正式或非正式。用户故事是小范围的需求，要以特定格式编写。

需求一般在非敏捷环境中使用，被写成需求文档中的一个声明 (10.3.5 节)。而作为敏捷需求的根本，用户故事被写成关于产品或系统一项想要或需要的能力、功能或特性的简短说明 (10.2.2 节)。

在瀑布过程盛行的年代，我们用"需求"将系统中需要的东西编入正式声明中。这些需求被定位为系统应支持的特性。

当时有一种以系统为中心的味道。而敏捷的重点是向用户交付有意义的功能。所以，如今人们更强调从这个角度来阐述需求，其中用户故事是一种很流行的方式。

8.3.2　提取用户故事或需求的输入

用作为用户故事或需求的输入而提取的笔记来保存相关信息非常有用。例如，要在笔记中保存相关用户工作角色和需要一个特性的原因。

由于我们希望用户故事或需求的这一组输入尽可能完整，所以在数据分析期间，有必要将任何提到对某个特性、功能或设计的希望或需要 (want or need) 的笔记解释为用户故事或需求笔记，无论这些希望或需要是否真的是由用户表达出来的。

第 10 章将更全面地讨论用户故事和需求。

示例：为 TKS 提取用户故事的输入

考虑 8.2.2 节的那个例子的以下工作活动笔记：

我想及时了解社区的最新娱乐动态。

我特别想了解最新和流行的活动。

(交付) 范围
scope (of delivery)

描述在每个迭代或冲刺阶段，目标系统或产品如何进行"分块"（分成多大的块），以便交付给客户和用户以获得反馈，以及交付给软件工程团队以进行敏捷实现 (3.3 节)。

瀑布式生命周期过程
waterfall lifecycle process

最早的正式软件工程生命周期过程之一，是生命周期活动的一个有序线性序列，每个活动都像瀑布的一个层级一样流向下一个活动 (4.2 节)。

两个句子都可解释为代表观点略有不同的用户故事的输入。

示例：为 TKS 提取用户故事的输入

考虑以下两个相关的工作活动笔记：

我想看到看过演出的其他人的评论和其他反馈。[设计思路]考虑包含供人添加评论和对评论打分的功能。

第一句话是作为用户故事输入的明显候选者。第二句是一个设计思路，能很好地转化为用户故事。

8.7 节之后会提供与之相关的一个更大的例子。

8.4   提取作为使用研究模型输入的笔记

处理好与用户故事和需求相关的原始数据笔记后，接着要找的数据是与使用研究数据模型相关的工作活动笔记。既可以提取它们用作数据建模的输入(拿掉不重要的细节来简化数据表示，第 9 章)，也可以直接将它们集成到相应的模型中(如果容易的话)。

建模始于项目之初

进入一个领域并进行使用研究之前，模型中的大部分内容就定下来了。用户工作角色、任务结构以及基本流程模型尤其如此。

模型的一些信息可能来自早期项目委托文件(例如商业提案和设计简报)以及在项目建立期间与客户的早期讨论。做使用研究时，应该已经对某些模型中的内容有所了解。

在许多项目中，在数据抽取之后进行的大部分建模将用于验证和改进模型并填补空白。本章讲的是提取与模型相关的笔记作为建模的输入(某些时候可直接把它们放入模型)。下一章(第 9 章)会讲述更多关于如何继续建模的信息。

示例：提取模型相关数据

8.2.3 节和 8.2.7 节后面提到了以下工作活动笔记：

一般很难在售票窗口从售票员那里获得关于活动的足够信息。

可将其表述为购票者工作流程模型中的一个障碍。

8.5　剩余的工作活动笔记成为笔记分类方法的输入

当作为用户故事或需求的输入，以及作为模型的输入的工作活动笔记都搞定之后，"剩余"的工作活动笔记现在就是对笔记进行分类的输入。

打印工作活动笔记

虽然可以使用手写的工作活动笔记，但一些人更喜欢打印版本。如果以计算机可读的形式捕获了工作活动笔记，更好的做法或许就是把它们打印出来，以便用它制作工作活动亲和图 (work activity affinity diagram)。可用黄色便利贴打印笔记，例如每页都有 6 个可抽取便签纸的那种。

还可以用彩色打印纸打印或手写笔记 (还是一页 6 个)。如工作活动笔记来自一个数据库，可用字处理软件的"邮件合并"功能将每个笔记都格式化为表格的单元格，以便在普通纸张或便利贴上直印。

> **亲和图**
> **affinity diagram**
>
> 一种自下而上的分级技术，用于组织和分组大量不同的定性数据 (例如来自使用研究数据的工作活动笔记)，以可视的形式突出问题和见解 (8.7.1 节)。

练习 8.1　你选择的产品或系统的工作活动笔记

目标：实践从使用研究数据合成工作活动笔记

活动：如果是一个人工作，就可以趁此机会再和朋友们搞一场比萨加啤酒以及使用研究分析派对啦！

- 无论如何组建团队，都要任命一个团队领导 (team leader) 和一个笔记记录员 (note recorder)。
- 团队领导通过原始数据带领团队，即时合成工作活动笔记。
- 一定要过滤掉所有不必要的水分、废话和噪音。
- 工作活动笔记成形后，记录员将其录入笔记本电脑。
- 团队中的每个人都要共同努力，确保每个工作活动笔记都澄清对上下文的依赖 (一般是用斜体添加解释性的文本)，从而消除歧义。

交付物：从原始使用研究数据合成至少几十个工作活动笔记。突出一些你觉得最有趣的工作活动笔记以供分享。

时间安排：取决你对这些活动有多少经验，我们预计本练习大约需要 1~2 小时。

8.6　组织工作活动笔记

目标：组织工作活动笔记，以确定有关工作领域的统一性主题和基础性主题。

工作活动亲和图
work activity affinity diagram，WAAD

用于组织不同数据片断的一种自下而上的分级技术，用于在使用研究分析中对工作活动笔记进行分类和组织，将具有相似性和共同主题的工作活动笔记汇总到一起，以突出所有用户的共同工作模式和共享的策略 (8.7 节)。

在中小型项目中，工作活动笔记集的规模不大，比较容易处理，花费不多的时间和精力即可组织起来。如果是一个大型、复杂的项目，或者一个对严格性要求很高的项目，则可能需要花费更多的精力，因为可能有大量的工作活动笔记要进入工作活动亲和图。普适于任何项目的方法描述如下。

- 如工作活动笔记集很小且项目很简单，将工作活动笔记组织成一个分级项目符号列表。
- 如工作活动笔记集中等大小且不太复杂，用卡片分类技术 (下一节详述) 组织工作活动笔记。
- 如工作活动笔记集很大，项目很复杂，而且 / 或者需要高严格性，用工作活动亲和图 (WAAD) 来组织工作活动笔记。

卡片分类是用于数据组织的一种简单技术

卡片分类是一种参与式亲和力识别技术，用于将数据项 (例如，想法、概念、特征) 的集合组织成一个分类层次结构，每个类别按共同的主题分组 (Martin & Hanington, 2012, p. 26)。这是将数据组织成类别的一种简单、廉价和有效的方法。

每个需要组织的想法都打印或写到一张卡片上。给一小群人发一叠这样的卡片。要求参与者用他们选择的任何标准将卡片分组，每组卡片都具有类似或密切相关的概念。聆听小组讨论有助于理解他们在分类时的心理历程。每组卡片都有一个代表性的类别标签。根据 Kane (2003) 的说法："该方法可用于识别网站的主要内容类别，或将系统功能组织为有用的菜单集合。"在某些方面，卡片分类就像一个一级或二级亲和图。如需比这更强大的组织能力，可考虑创建一个 WAAD(下一节详述)。

8.7   为复杂项目中的高严格性构建 WAAD

在一些较为复杂的项目中，需要特别针对其严格性来构建工作活动亲和图。

8.7.1   亲和图

亲和图或关联图 (affinity diagram) 是一种自下而上的分级技术，用于组织和分组大量不同的定性数据 (例如来自使用研究数据的工作活动笔记)。亲和图由日本人类学家川喜田二郎 (Kawakita Jiro) 发明，旨在对来自一个领域的大量数据进行综合 (Kawakita, 1982)。亲和图是一种分级结构，关于相似想法的笔记被分组在一起 (按亲和力)。 我们将亲和图法作为构建工作活动亲和图 (work activity affinity diagram，WAAD) 的一种技术，以组织和分组使用研究数据中的问题和见解，并用大图来显示。

WAAD 是一种亲和图，是用于组织不同数据片断的一种自下而上的分级技术，用于在使用研究分析中对工作活动笔记进行分类和组织，将具有相似性和共同主题的工作活动笔记汇总到一起，以突出所有用户的共同工作模式和共享的策略。

亲和图有以下用途。

- 整理你在上一节中合成的工作活动笔记。
- 提供一个能产生意义的结构。
- 提供用户工作的可视化。
- 提供设计思路。
- 帮助从单独用户工作活动的实例归纳出更广泛的工作主题。

我们在这里对 WAAD 建筑的描述处于中等严格程度。要选择一种可以满足自己需要的方法，以在严格性和效率之间进行权衡。大多数真实项目中的 WAAD 构建往往是非常非正式的。

我们在这里对 WAAD 构建的描述处于中等严格性程度。应选择一种适合自己需要的方法，以在严格性和效率之间做出权衡。大多数真实项目中的 WAAD 构建往往是非正式的。

8.7.2　准备工作空间和团队

- 设置工作空间。在设计工作室的墙壁上或工作台上准备一个大的张贴和工作空间。
- 一起工作。这是一项高度协同性的工作。
- 民主过程。任何数据都不是由任何团队成员"拥有"的。

8.7.3　按用户工作角色划分 WAAD

通常，一个用户工作角色执行的一组任务与其他人执行的任务是分开的。以米德尔堡学院票务系统 (MUTTS) 的售票员和 MUTTS 数据库管理员为例。每个人都以不同的关注点和需求执行不同的工作。

这就允许我们在最高的级别将任务结构划分为单独的结构，每个用户工作角色一个。这样就可以通过工作角色来分而治之，从而控制复杂性。一次只为一个工作角色进行分析和设计会更容易。

遵循这种分析方法，我们将 WAAD 划分为各个单独的，以简化 WAAD

的构建过程。大多工作活动笔记只与一个给定的用户工作角色关联 (或适用于该角色)。

在张贴空间的顶部，请用一溜便利贴写上用户工作角色 (建议使用和工作活动笔记不同的颜色)，如图 8.3 所示。

当然，仍有一些没有与特定工作角色绑定的工作活动笔记，这些笔记会成为 WAAD 中的杂项笔记 (同样在图 8.3 中)。可能还需处理偶尔涉及多个工作角色的工作活动笔记：要么分割，要么复制。

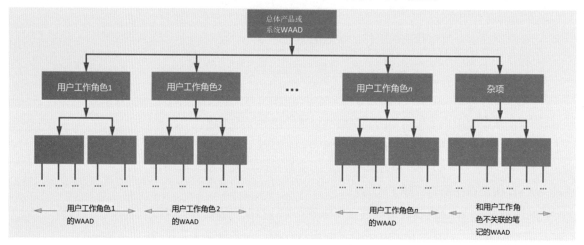

图 8.3
按用户工作角色划分的工作活动亲和图 (WAAD)

8.7.4 自下而上的 WAAD 构建过程

1. 张贴工作活动笔记

- 依次考虑每个工作活动笔记。
- 确定最适合的用户工作角色 (或 "杂项") 子 WAAD。
- 如果此子 WAAD 中尚未张贴笔记，或者要张贴的笔记在最适合的子 WAAD 中不符合任何现有分组的主题。
  - 在子 WAAD 下方某个地方张贴工作活动笔记来开始一个新组 (这正是 WAAD 宽度增长的方式)。
  - 添加主题标签以标识该新组的主题 (下一节会讲标签)。
- 如果当前的工作活动笔记符合已在此子 WAAD 下的一个现有分组的主题。
  - 将其添加到该组。
  - 根据需要调整标签以包含新笔记，具体就是调整分组的 "含义" 或扩大其范围。
- 如此反复，使工作活动笔记的分组不断增加和发展。

2. 笔记分组标签

- 为该分组的亲和主题决定一个初始标签并写下来，通常使用和工作活动笔记颜色不同的一张便利贴或便签纸：
  - 精确的组标签对于捕捉该组的本质、完形 (gestalt，或称格式塔) 或意义很重要。
  - 组标签界定了该组的确切范围。
  - 避免使用描述性低的措辞，例如"通常"。
  - 一个高描述性的组标签使人一眼就知道这个组是关于什么的，不必再去看其中的笔记。
- 在工作活动笔记上方张贴标签作为组标题。

作为标签精度重要性的一个例子，在我们的一次会议中，一个团队在需要更精确的标签"我们如何验证输入数据表单"时使用了"我们如何验证信息"。虽然区别很细微，但为了达到该分组预期的亲和力，却显得十分关键。

3. 分组增长了，标签也要扩展

随着新的工作活动笔记的加入，分组也在成长。由笔记集所代表的主题也可能相应地扩展。在这个时候，标签也要随之而扩展。

示例：标签和组一起扩展

以图 8.4 中圈出来的标签为例，它在售票机系统 (TKS) 的一组工作活动笔记的演变过程中添加了多个术语。注意，我们使用的是来自 MUTTS 的真实数据，本例的笔记就是据此而写的。你可能希望查看这些数据的原始形式和工作活动笔记。我们在本书配套网站 (http://www.theuxbook.com) 列出了代表性的 MUTTS/TKS 使用研究数据。

该分组标签最初只写了"对安全性的担忧"。后又添加了关于隐私和信任的笔记，因为这些概念和安全性密切关联 (亲和)。所以，要相应地扩展分组标签，以便和不断扩展的主题保持同步。这样，无需查看具体笔记，即可明白这一组的主题。

图 8.5 是该主题标签的特写，展示了如何分批添加额外的描述性术语，在构建亲和图的过程中逐渐扩大其范围，加入对安全性、隐私和信任的担忧。

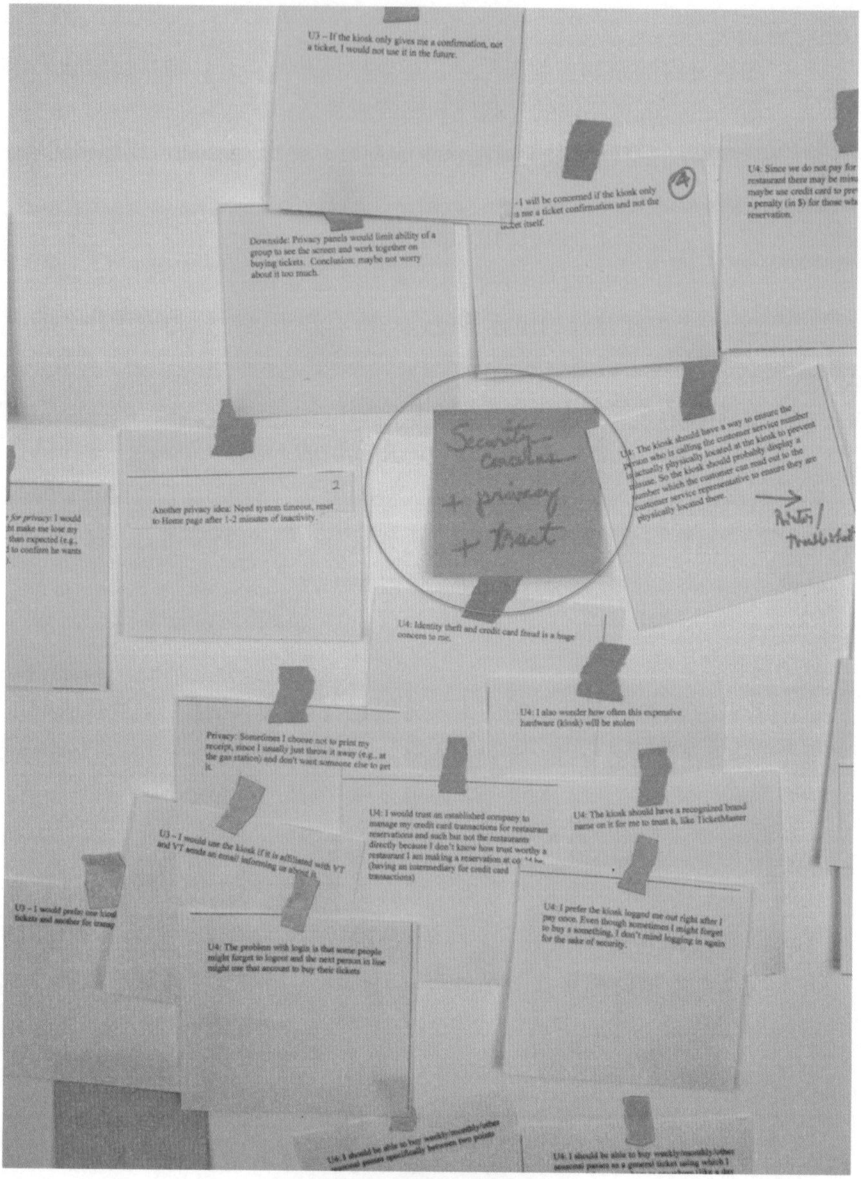

图 8.4
主题标签逐渐扩展

图 8.5
亲和图构建期间逐渐扩展
的主题标签

4. 拆分大的分组

随着每个分组接受越来越多的工作活动笔记，他们可能变得太大，且主题变得过于笼统，以至于无法很好地组织工作活动笔记。像下面这样对超过 10~12 个工作活动笔记的分组进行拆分。

- 找出组内一个或多个细节主题。
- 根据与子主题的亲和性或共性，将该组拆分为一个或多个细分小组。
- 为每个新细分小组添加精确 (通常范围更窄) 的标签。
- 在上面添加一个"超主题"(supertopic) 标签 (见下面的解释) 来代表由新的子组构成的这一分组 (通常是拆分前的组标题的一种变化形式)。
- 新的细分小组现在成为该超主题标签下面的分级子组 (这正是 WAAD 高度增长的方式)

超组 (supergroup) 标签和细分小组 (subgroup) 标签。此时要继续关注所有组和超组标签。拆分一组并创建几个新标签 (包括用于新的超组的标签) 时，标签的精度和有效性可能受到影响。需调整标签以保持其描述性和区分组的能力。目的还是一样，要在不看组内笔记的前提下明白这一组的主题。进行以下测试以检查组内的连贯性：标签是否足以表达所有笔记的共同点？

示例：对 WAAD 中的组进行拆分

图 8.6 顶部展示了更新的组标签"我对安全、隐私和信任的担忧"(my concerns about security, privacy, and trust)，这是由于图 8.5 中标签的增长而产生的。随着这一组的笔记的逐渐积累，它变得太大而不得不拆分。很容易会将这一组拆分为该标签已命名的三个子组。但在做出这个决定之前，团队认为从组织的角度和客户的角度，和安全性相关的问题是有所区别的。所以，他们首先将顶部的标签拆分为"我们的组织视角"(our organizational perspective) 和"我的客户视角"(my customer's perspective)。顺便说一句，要通过保留上下文来实现模块化，每个都要解释这些视角的含义，即安全、隐私和信任。

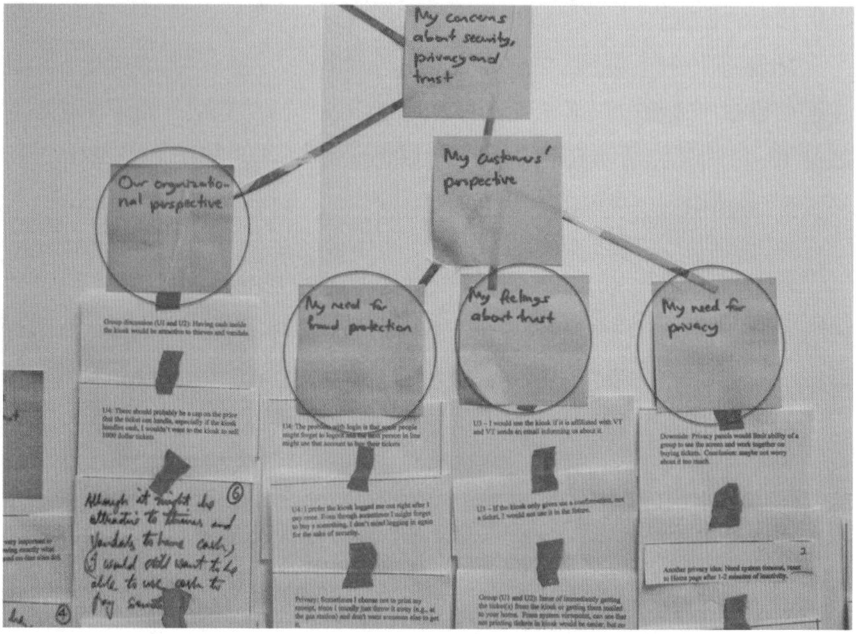

图 8.6
组亲和性标签 (圈出的蓝色便条)

随后，如图的右侧的标签所示，团队将"我的客户视角"分为三种明显与安全性相关的担忧："我对防范欺诈的需求" (my need for fraud protection)、"我对信任的感受" ("my feelings about trust) 和"我对隐私的需求" (my need for privacy)。

5. 在工作期间

不断完善和重新组织分组和标签。组及其标签的顺序和组织应该是灵活和可扩展的 (flexible and malleable)。

- 如果笔记涉及多个主题 (换言之，如某些工作活动笔记不太适合该组的主题)，就对该组进行拆分。
- 如主题相同，将两组合并。

不要随便停下来。不要因为细节和引申的讨论而分心。

- 突出较重要的笔记。
- 不要陷入对设计或实现过早的讨论。

分组的主题标签要不断发展。 随着分组的成熟，该组将成长并演变成更明确定义的笔记集，每个笔记集都和特定主题相关 (亲和)。这就是 Cox and Greenberg (2000) 所说的显现 (emergence)，"……这些组解释了过程的一项特征，并将原始 [数据] 片段转换为丰富的最终描述。" (…… a characteristic of the process by which the group interprets and transforms … raw [data] fragments into rich final descriptions.)

8.7.5　用技术来支持 WAAD 构建

图 8.7 展示了一个非常大的墙上空间，它特别适合用来完成 WAAD 的构建。

图 8.7
团队协作以构建 WAAD

对于经常进行 WAAD 构建的团队，可考虑使用高科技的 WAAD 构建工具。图 8.8 展示了弗吉尼亚理工大学的一个团队如何在高分辨率大屏幕显示器上使用亲和图软件来替换传统的纸质工作活动笔记编排 (Judge, Pyla, McCrickard, & Harrison, 2008)。每个分析师都可以在笔记本电脑或平板电脑上选择并操纵工作活动笔记，然后将其发送到大型触摸屏上供团队考虑。在大型触摸屏上，他们可以通过触摸和拖动来移动这些笔记。

图 8.8
用大触屏来构建 WAAD

8.7.6 继续将分组组织成一个层次结构

图 8.9 展示了 MUTTS 的部分亲和图，可看到由分组 (蓝色标签，圆圈) 连接成的超组 (粉色标签，方框)。

类似地，可对二级组进行分组来形成三级组，并添加另一级标签。和组标签一样，更高级标签的措辞必须很好地表示其组和子组，从而不需要看它们下方的标签或笔记就能理解该组是关于什么的。

图 8.10 展示了为 MUTTS 构建的大部分整体 WAAD 的特写照片。

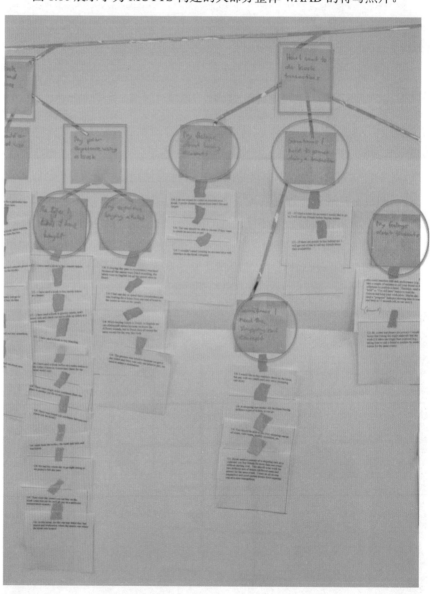

图 8.9
粉色 (用方框标注) 的超组
所使用的二级组超组标签

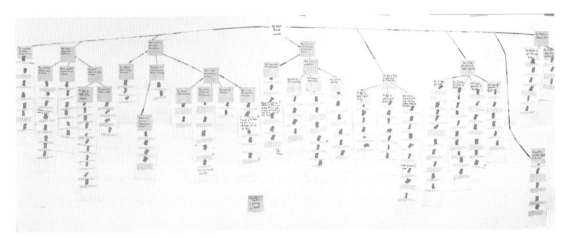

图 8.10
为 MUTTS 示 例 构 建 的
WAAD

作为 WAAD 结构的另一个例子，图 8.1 展示了 MUTTS WAAD 的特写照片，其中有三个组的细节，它们的整体标签为"我希望售票机要有三种用途"(The type of things I expect to use the kiosk for)。

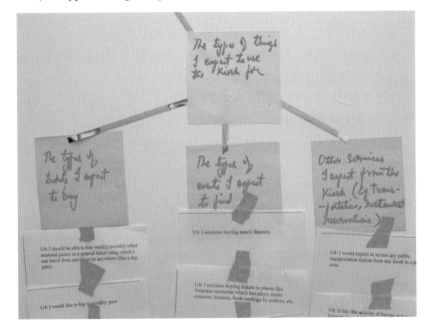

图 8.11
MUTTS WAAD 特写

8.7.7　最后要创建"亮点"

创建亮点显示。最后，当你的团队讨论张贴的上下文数据笔记时，要提取最主要和最有趣的点，并把它们显示为亮点，以便将重点放在最重要的东西上。

示例：整理 TKS 工作活动笔记

作为对本章大部分内容的一个总结，下面整理了从 TKS 数据获得的工作活动笔记。本例基于从 TKS 使用研究中选取的约 120 个数据笔记。我们使用了 8.6.1 节描述的卡片分类技术，将每个笔记都放入以下结构：需求、模型和 WAAD。

虽然这个例子相当大，但自本书第 1 版问世以来，这是许多读者和教师所要求的。我们希望包含足够多的数据笔记，它们既要真实，又要代表结果中的大多数重要类别，同时不至于太大以至于无法包含到本章。

本例的内容是常规的数据笔记，是在我们开发"工作活动笔记"概念之前获得的。它们可能介于原始数据笔记和工作活动笔记之间。但凡在这些笔记中发现的缺陷都和真实项目中发现的一样，这就是它们的本质。

需求下的大多数笔记也可以放到用户故事下。此外，正如我们之前说过的那样，在这种组织结构中，每个笔记都可能出现在多个位置。但为了简单起见，我们只选择了一个。

以下是我们对一小部分选定数据笔记样本的析方法。

23：售票机应提醒人们取票和拿回信用卡 (在交易结束时)。

需求 > 交互设计 > 交易流程 (Transaction flow)

读者须知：斜体显示的这一系列术语的目的在于，在层次化的组织结构中，用节点的标签来显示路径名称。

13：需要座位安排的图形显示 (对座位的类型进行文字描述，不足以让用户做出决定)。

需求 > 交互设计 > 特性 > 座位安排的图形显示

11：按类别 (体育、电影等)、日期 / 时间、价格和地点排序。用户可深入层次结构。

需求 > 信息架构 > 结构，按类别进行组织

18：付款前需显示一个确认页面，其中列出了当前要购买的东西 (好的电商网站都这样)，这非常之重要。

模型 > 流程模型 (flow model)

106：我希望能按不同的主题 (活动类型) 浏览。例如，如果是在大城市，即使音乐也会有不同的流派。

模型 > 任务模型

70：如果售票机隶属于米德尔堡学院 (MU) 而且 MU 会发送电子邮件通知我们，我会用它。

工作活动亲和图 > 用户购票行为 > 使用售票机的可能性

02：思路：虽然营销人员可能想不到在售票处旁边放一台售票机，但对于那些去了售票处却发现已经关门的人来说，这会非常有帮助。

工作活动亲和图 > 业务问题 > 售票机的地点

示例：整理 TKS 工作活动笔记的一个较大的例子

需求

交互设计

交易流程

18：付款前需显示一个确认页面，其中列出了当前要购买的东西 (好的电商网站都这样)，这非常之重要。

21：售票机需提醒票从哪里出。

22：作为选票过程的一部分，要提供让用户在地图上查看场馆的选项。

23：售票机应提醒人们取票和取回信用卡 (在交易结束时)。

57：需要"面包屑"路径来跟踪我在售票机上的操作历程，在顶部逐渐显示我的操作。

特性

座位图

10b：查看座位和相应价格，我能让几个朋友坐到一起吗？

13：需要座位安排的图形显示 (对座位的类型进行文字描述，不足以让用户做出决定)。

获取"更多信息"

12：备选 (在第一页查看热门活动)：第一页有一个当前活动和推荐的按钮。把按钮做得非常明显，这样任何人都不会错过它。再提供一个"更多"(More) 按钮来查看更多详情并缩小选择范围。[批注 (Interpretive comment)：这是一个非常具体的设计思路 (都说到按钮层面了)。这在此类使用研究数据中经常发生，并出现在本例的几个数据笔记中。你可以稍微改变一下措辞，使它不那么以设计为中心。例如，可将"按钮"更改为"选项"或"功能"。]

49：我需要大量信息来做出选择。需要每个活动都有"更多信息"(additional information) 按钮，有点像 Netflix 的那种，给我显示一个梗概 (一段 4~5 句话)，像是在线电影预告片的文字版。

日历驱动的选择

51：高优先级需求/希望：首页提供一个日历。选择日期并点击"今天有什么？"(What's going on today?) 或"这一天有什么？"(What's going on for this date?)

55：选择日期和时间。售票机提供当天、本周末、本周内等选项。从交互式的日历图像中选择未来日期。

购物车概念

56：售票机需要一个购物车的概念，这样客户可以在不重新开始的情况下购买多个活动的票。这甚至应该适用于同一活动的两套不同的票 (不同的座位和价格)。

128：购物车模型将有助于一次性购买不同类型的票。

信息架构

内容

和城里发生的事情相关的信息

05b：我也会用它查找和城里正在发生的事情相关的信息。

143：例如，有时我想查看市中心本周热门活动的信息。

事件或活动相关内容

08：我希望它 (售票机) 不只是包括电影和赛事。例如，还提供博物馆、音乐会、特别演出的资讯和门票。

10a：买票的时候 (例如看 Hokie 篮球队比赛时的学生票) 需要申报身份 (学生还是公众)。

116：我想买本地周五晚上酒吧、当地剧场、大型音乐厅、体育赛事的票。

结构，按类别进行组织

11：按类别 (赛事、电影等)、日期/时间、价格、位置排序。用户可深入层次结构。同样地，这是一个设计思路 (design idea)。有时，某些工作角色会因其经验而给出非常具体的设计思路。虽然对其进行解释是 UX 设计师的工作，但你应将其作为设计思路加以考虑。

用于显示的信息组织

06：推荐 (最优先)——我想在第一页看到最新活动 (今天和明天的首

选), 避免我还要搜索和浏览一遍。

49B：每个事件的"更多信息"按钮能显示更多细节。

用于存储和检索的信息组织

52：高优先级：按活动标题 (直接) 或按类型 (事件类别) 访问活动信息。标题可通过顶部的字母表来选择 (就像某些网站那样，例如公司的员工目录)。

53：为字母表中选定的字母使用"智能"映射。这将映射到可能与该字母相关联的任何类型的任何活动。例如，如用户选择"B"，就列出 Middleburg University basketball(米德尔堡学院篮球队)、Orioles baseball(金莺棒球队) 和 Blue Man Group(蓝人乐队)。类似地，"S"显示赛事 (sports)，"B"显示篮球 (basketball) 和棒球 (baseball)。同样地，这全都是具体的设计思路。

功能
搜索

83：我希望能按价格、艺术家、地点和 / 或日期搜索活动。

104：如果我要查找特定的乐队，我希望在 Google 风格的搜索框中输入乐队名称。

112：能搜索有趣的活动真是太好了，比如说，在离我当前位置的两个街区之内。

浏览

74：我希望能在售票机上浏览所有活动。

106：我希望能按不同的主题 (活动类型) 浏览。例如，如果是在大城市，即使音乐也会有不同的流派。

107：我希望能按地点浏览。

排序

75：我希望能按某种条件对结果进行排序。

个人隐私

15：有的时候，售票机会有一个超时功能来帮助保护隐私 (这样如果我离开时忘记清除，下一个人看不到我刚才做了什么)。

47：隐私：我不想让排在我后面的人看到我在看什么和做什么，所以需要某种有限视角的屏幕或侧面的"隐私屏幕" (就像老式的开放式电话亭一样)。

48：缺点：隐私面板会限制和朋友们一起看屏幕和买票。结论：也许不用太担心。

交通票

100：我希望从特定区域的任何售票机购买任何形式的公共交通票。

101：我希望能买单程票、日票和月票。

110：我希望能指定起始和目的地，并查看各种出行方案，即使我当前不在这两个地点的任何一个。

基于活动的设计

108：买好一场活动（例如电影或赛事）的票后，最好能提示"你想要去那里的交通票吗？"

123：用售票机购买娱乐活动的票时，它能不能帮我计划整个晚上的活动？包括交通票、门票和订晚餐。

模型

注意：我们为以下每个模型列出的笔记实际会集成到相应的模型中，而不是像这里那样显示为笔记。

用户工作角色

没有笔记直接提到用户工作角色。参与其中的每个人都已经知道主要的角色。

用户画像

76：如果有我想去的活动，我会在买票前打电话给我的朋友。

04：如果我在米德尔堡，我可能会直接去现场买票。如果是在家里，我会在网上买票。

70：如果售票机隶属于米德尔堡学院 (MU) 而且 MU 会发送电子邮件通知我们，我会用它。

88：在大城市，我花在通勤上的时间很多，所以如果地铁站有售票机，我很可能会用它。

60：我在杂货店、有自助收银台的卖场和在电影院取票时用过售票机。

136：身份盗窃和信用卡欺诈是我非常担忧的问题。

流程模型

18：付款前需要显示一个确认页面，其中列出当前要购买的东西（好的电商网站都这样），这非常之重要。

21：售票机需提醒票从哪里出。

22：作为选票过程的一部分，要提供让用户在地图上查看场馆的选项。

23：售票机应提醒人们取票和取回信用卡（在交易结束时）。

24：作为选票过程的一部分，要有如何前往那里的路线指示。

任务模型

14：我希望能用现金、信用卡或借记卡付款。我会像在加油站那样刷信用卡。

18：付款前需显示一个确认页面，其中列出了当前要购买的东西 (好的电商网站都这样)，这非常之重要。

21：售票机需提醒票从哪里出。

22：作为选票过程的一部分，要提供让用户在地图上查看场馆的选项。

51：高优先级需求 / 希望：首页提供一个日历。选择日期并点击"今天有什么？" (What's going on today?) 或"这一天有什么？" (What's going on for this date?)。

74：我希望能在售票机上浏览所有活动。

75：我希望能按某种条件对结果进行排序。

106：我希望能按不同的主题 (活动类型) 浏览。例如，如果是在大城市，即使音乐也会有

107：我希望能按地点浏览。

113：能按活动类型等过滤搜索结果真是太好了。

114：我想指定一个站名，然后告诉我这一站的两个街区内有哪些活动。

工件模型

37：从系统角度看，更容易的方案是不要在售票机上打印票，但没人希望这边买了票，另一边还要等票送到家。马上拿到票是一个很大的信任问题。

38：需要一个选项来打印行车路线。

物理环境模型

02：思路：虽然营销人员可能想不到在售票处旁边放一台售票机，但对于那些去了售票处却发现已经关门的人来说，这会非常有帮助。

41：关于售票机需要打印机的问题：系统视角：巨大的维护和可靠性问题！绝对不能让任何售票机耗尽纸张或墨水，或者让打印机停机。否则，客户会非常不满，可能再也不会使用售票机了。

84：我希望售票机能用触摸屏而不是键盘。

105：我也好奇这些个昂贵的硬件 (售票机) 多久会被盗。

信息架构模型

11：按类别 (体育、电影等)、日期 / 时间、价格和地点排序。用户可深入层次结构。

49：我需要大量信息来做出选择。需要每个活动都有"更多信息"(additional information) 按钮，有点像 Netflix 的那种，给我显示一个梗概 (一段 4~5 句话)，像是在线电影预告片的文字版。

52：高优先级：按活动标题 (直接) 或按类型 (事件类别) 访问活动信息。标题可通过顶部的字母表来选择 (就像某些网站那样，例如公司的员工目录)。

53：为字母表中选定的字母使用"智能"映射。这将映射到可能与该字母相关联的任何类型的任何活动。例如，如用户选择"B"，就列出 Middleburg University basketball(米德尔堡学院篮球队)、Orioles baseball(金莺棒球队) 和 Blue Man Group(蓝人乐队)。类似地，"S"显示赛事 (sports)，"B"显示篮球 (basketball) 和棒球 (baseball)。[同样地，这都是满满的具体设计思路。]

工作活动亲和图 (WAAD)

用户购票行为

我一般怎么使用购票机

01：我一般在活动开始前去现场买票。特殊活动我可能网上购票。

76：如果我有想去的活动，我会在买票前打电话给我的朋友。

79：我只会浏览以了解新活动，不会立即买票。

80：我甚至可能回家比较其他网站的票价 (和售票机相比)。

使用售票机的可能性

04：如果我在米德尔堡，我可能直接去现场买票。如果是在家里 (Charlotte)，我会在网上买票。

05a：城里有售票机挺好。我会试一试，而且可能用它买票。

70：如果售票机隶属于米德尔堡学院 (MU) 而且 MU 会发送电子邮件通知我们，我会用它。

72：如果我在地铁站有 30 分钟的空闲，而且有一台售票机，我可能会浏览一下它。

售票机操作的熟悉程度

60：我在杂货店、有自助结账口的卖场和在电影院取票时用过售票机。

61：我在影院用售票机买过电影票。

62：我用售票机买过音乐会的票。

63：我用售票机买过地铁票。

信任问题

131：售票机应该位于一个让我信任的好地方。如果放在阴森森的地方，我可不敢信。

135：我会信任一家老牌公司来管理我的信用卡交易以进行餐厅预订等，而不是直接由餐厅刷我的卡，因为我不知道我预订的餐厅有多值得信赖（信用卡交易要有一个中介）。

136：身份盗窃和信用卡欺诈是我非常担忧的问题。

商业问题，决策

品牌推广和外观

68：售票机必须以专业的方式呈现；它看起来要正规。

69：它（售票机）看起来不应该像免费宣传册的支架那么廉价。

售票机位置

02：思路：虽然营销人员可能想不到在售票处旁边放一台售票机，但对于那些去了售票处却发现已经关门的人来说，这会非常有帮助。

07：邻近：它（售票机）必须靠近我居住、工作或购物的地方。

64：售票机在影院排长队时会很有帮助

售票机服务时间

03：我大部分空闲时间都在正常工作时间之外，而且是在许多商家都关门之后。

信用卡使用

14：我希望能用现金、信用卡或借记卡付款。我会像在加油站那样刷信用卡。

现金交易

17：识别钞票（现金）和找零很复杂。

19：在售票机内放现金对小偷和破坏者很有吸引力。

20：不管给设计师带来多大的困难，有时我还是希望能够用现金支付。

打印票据

37：从系统角度看，更容易的方案是不要在售票机上打印票，但没人希望这边买了票，另一边还要等票送到家。马上拿到票是一个很大的信任问题。

39：如果从售票机买的票还要邮寄到我家，我担心是否赶得上。

40：如果从售票机买票并邮寄到我家，那么因为需要收据，所以售票机反正都要配备一台打印机。

41：关于售票机需要打印机的问题：系统视角：巨大的维护和可靠性问题！绝对不能让任何售票机耗尽纸张或墨水，或者让打印机停机。否则，客户会非常不满，可能再也不会使用售票机了。

42：但考虑到交易量和使用方式，无论多么小心，它（出票打印机故障）都可能发生。然后怎样办？需要打客服电话（例如，只能和公司的代表联系）。

键盘与触摸屏

44：键盘？触摸屏上的软键盘即可；千万不要在公共售票机上配备物理键盘！

84：我希望售票机能用触摸屏而不是键盘。

包含预告片？

50：另外，需要预告片。缺点：生产成本高，耗时太长，妨碍其他排队等候的人。

包含餐厅预订？

125：由于餐厅预订不需要提前付款，所以可能出现售票机被滥用的情况。也许能通过信用卡防止滥用？预订了又没去要罚款。

破坏和盗窃

105：我也好奇这些个昂贵的硬件（售票机）多久会被盗。

包含购物推荐？

71b：像 Amazon 一样提供购物推荐如何：买过此活动门票的其他人还买过其他什么活动的票？

拒绝的权力 (Opting out)

127：在我买了票或其他东西后，应该有一个简单的方法来拒绝推荐（避免把我的购买推荐给别人）。

设计决策

隐私，安全性

退出交易

58a：在地铁站使用：需要快速取消以立即退回主屏幕，不要让人看到你刚才做了什么（下一个客户也用得安心）。

58b：为了以后能够快速恢复，需要回到一件特定商品的快速路径。或许下次使用事件 ID# 直接回到那里，类似于网上购物时使用目录或商品编号来搜索。

交易超时

16a：需要超时功能以保护隐私，一位顾客离开后，在下一位顾客到来之前关闭窗口。

59：另一个关于隐私的思路：设置一个系统超时，1~2 分钟没有活动就重置到主页。但这可能影响任务的执行 (例如，如果要花几分钟时间致电朋友以确认票)。所以，需要一个"稍等"(hold) 或"我还在这里"(I'm still here) 按钮来重置超时。也许还需要一个"进度"(progress) 指示来显示重置时间并在剩余 15 秒时发出哔哔声。

缺点

16b：如果我花的时间比预期的要长，我担心超时可能会让我白忙活一场 (例如，花时间打电话给朋友确认他是否也想买这个活动的票)。

求助，客户支持

132：售票机需在显著位置显示 24/7 客服电话号码。

用户帐号？

137：我不想在售票机上创建账户。虚拟交易用过就算。

138：用户应该能选择是否要创建账户。

139：我不介意在售票机公司的官方网站创建一个账户。

登录的必要性

140：用户行为需要登录，有的人可能忘记退出，下一个排队的人可能会用该账户买票。

141：我更喜欢售票机在我付款后立即将我注销。尽管有时我可能会忘记买东西，但为了安全起见，我不介意再次登录。

8.7.8　从这个例子得到的观察结果

上述练习反映了该过程在真实项目中是如何发生的。

- 数据笔记不是正确合成的工作活动笔记的最佳示例。
- 结果中许多类别发生了重叠，而且许多笔记被归入不止一个类别。这些观察反映了这样一个事实，即这些类别中的每一个都只是从自己的视角看待项目的总体情况的一种方式。
- 一些类别的名称本可更好。这反映了人们对事物进行分类时的实际问题。
- 几乎每个笔记都可以进入 WAAD。那是因为 WAAD 的本质是不排除任何主题。这也使 WAAD 成为整个项目的一个很好的视觉表示。当我们决定要在 WAAD 中放入什么内容时，我们使用这种启发式 (heuristic) 方法：如果笔记是关于一个特性的，它就会进入需求或用户故事。WAAD 收录的是关于一般背景 (general context) 和设计问题的笔记。最后，需求似乎是该过程的最大的输出，但 WAAD 也很可观。

8.8 引导一次 WAAD 演练来获得反馈

如果预算和时间允许，请带领用户和客户以及其他利益相关方来演练 (walk through) 一遍 WAAD，分享个人的发现并获得反馈。此次演练的目的是沟通，简要解释你的过程，并与所有利益相关方分享对于用户工作活动和相关问题的理解。

以下是如何对发现进行分享的指导原则。

- 针对管理层，强调高层问题、成本合理性、数据完整性、安全性以及诸如此类的企业目标。
- 强调重点和发现的问题。
- 用从中了解到的意想不到的东西来引起听众兴趣。
- 擅于使用图形；流程模型可能最有效，因其显示了你对业务过程中的信息和物料流 (flow of information and materials) 的解释。
- 推销自己的使用研究过程。

让管理层和软件开发人员参与进来，向他们展示你的过程的有效性。

练习 8.2：为你的产品或系统目标构建 WAAD

目标：练习构建 WAAD 以按类别组织工作活动笔记

活动：如果是一个人工作，这将是你最后一次必须购买比萨，至少本章如此。

无论如何组建团队，使用上个练习创建的工作活动笔记，尽你最大的努力遵循本章描述的 WAAD 构建过程。

给工作过程和产品拍照，包括完整的 WAAD、一些中等程度的细节以及一些有趣部分的特写。用磁铁把它们贴到冰箱上。

交付物：为系统提供尽可能完整的 WAAD。最好将其卷成一捆以妥善保管，除非你有条件一直把它贴在墙上。还要有为 WAAD 拍摄的照片。如是在课堂环境中工作，请准备好以 PPT 的形式分享照片，并和班上其他团队讨论你的 WAAD 及其构建过程。

时间安排：这是比较耗时的练习之一，预计 4~6 个小时。

8.9　合成用户工作实践和需求的"大象"

合成 (synthesis) 过程中，将概念的各个部分的不同输入、事实和观察结合到一起，以归纳出特征和帮助理解整个概念。我们接着要讨论的每个模型都为工作领域提供了一个不同的视角。如前所述，这就是一个盲人摸象的故事。合成的作用就是找到这些模型之间的联系，并将各个部分放到一起以形成完整的大象。

通过组合、融合和其他筛选数据的方式梳理这些联系，可以发现隐藏的关系和对工作领域的见解。这就是沉浸 (immersion) 所得到的回报。

任务结构模型 (9.6 节) 可能揭示出大象的骨架 (skeleton)，任务序列模型 (9.7 节) 可能反映其皮肤 (skin)，而流程模型 (9.5 节) 可能显示的是大象是如何移动的。

有时需要创建混合模型 (9.12 节)，从而将多个视图集成到同一个框架中，挖掘出不同的联系，并充实大象真实的本性 (true nature)。例如，在MUTTS 的例子中，我们在一个学生用户类别的信息模型 (9.10 节) 中发现，MU 的每个学生都携带一张称为"MU 护照"(MU passport) 的 ID 卡。这是一种磁条卡 (和借记卡或信用卡一样)，卡上存的钱可用于所有校园餐厅的消费。我们有另一个支付选项信息模型。在合成练习中，我们发现允许学生使用自己的 MU 护照作为支付选项将为用户带来很大的便利。

沉浸
immersion

对手头的问题进行深入的思考和分析的一种方式，目的是在问题的背景下"生存"，并为问题的不同方面建立联系(2.4.7 节)。

使用研究数据建模

9.1 导言

9.1.1 当前位置

在每章的开头，都会以"当前位置"(You Are Here) 为题，介绍本章在"UX 轮"(The Wheel) 这个总体 UX 设计生命周期模板背景下的主题 (图 9.1)。在"理解需求"生命周期活动中，本章讲的是"数据建模"细分活动。在这个细分活动中，将用简单的模型来表示第 7 章抽取的使用研究数据。

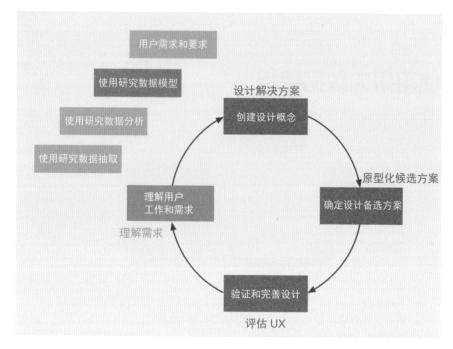

9.1.2　什么是使用研究数据模型及其用法

抽象
abstraction
剔除不相干细节，专注
于基本构造，确定真正
发生的事情，忽略其
他一切的过程 (14.2.8.2
节)。

作为一种基本生活技能 (2.4.5 节)，建模是对某些种类的原始使用研究数据进行组织以形成 UX 设计的方法。每个模型都为工作实践的整体图景提供了不同的视角。模型使用抽象 (另一种生活技能) 将事物归结为本质，并将使用研究数据转化为可操作的设计项目 (actionable items for design)。

使用研究模型还提供了一些必须包含在设计中的事物的边界和核对清单。最重要的是，这些模型提供了一个沉浸式的设计参数心理框架 (immersive mental framework)。

9.1.3　数据模型的种类

不存在适用于所有项目的一个数据模型。本章大致按重要性和使用频率的顺序介绍各种模型。

- 最常用的模型，即几乎每个项目都要制作的模型：用户工作角色模型和流程模型。
- 如果任何给定的用户工作角色有广泛的用户特征，可以考虑制作用户画像。
- 如果有大量不同的用户任务，用任务结构模型来组织它们，例如层次化的任务清单 (hierarchical task inventory)。

- 如果某些用户任务较为复杂，用任务序列模型来描述。
- 如果工作实践以工件为中心，用工件模型来描述。
- 如果工作实践受物理布局的影响，用物理工作环境模型来描述。
- 如果用户需要存储、检索、显示和操作的数据和信息很复杂，用信息架构模型表示它。
- 社会模型是最不常用的模型，仅当涉及工作实践的人员之间的社会和文化交互非常复杂，而且 / 或者有问题时才需要。

9.1.4 要用成熟的建模方法

从项目委托 (5.4 节) 起，和模型相关的信息是你最开始了解的东西之一。用于项目启动的项目提案或商业简报以及对项目进行定义的早期客户会议至少提供了以下模型的基本输入：

- 用户工作角色模型
- 流程模型
- 任务模型

早期使用研究，尤其是数据抽取和分析，有助于填补空白并完善概念。后期的使用研究则用于确认关键点和回答有关模型的问题。

所以，当你到达这里时，一些模型应该已经建立起来了。我们之所以在这里才进行说明，是为了将所有建模方法和技术集中到一处，而不是一旦在项目出现就去说明。否则，在项目委托、使用研究数据抽取、分析和建模期间，经常都要对这个问题进行充分的讨论。

9.2 数据建模的一些常规方法

数据建模是有一些常规方法的。

9.2.1 建模可能和使用研究数据的抽取和分析重叠

对于一些简单的东西 (例如和用户工作角色和信息流有关的数据)，即使是在现场抽取研究数据时，也可以开始勾勒出一些早期模型。这样可方便用户确认 (或否认) 这些早期模型。

进行使用研究分析期间 (第 8 章)，遇到和数据模型相关的基本数据笔记时，要么将其留作建模的输入，要么直接将其合并到该模型中 (8.4 节)。所以，在考虑和一个用户工作角色有关的笔记时，请检查该工作角色是否

工件模型
artifact model

表示用户如何将关键有形物件 (物理或电子形式的工作实践工件) 作为其工作实践中流程的一部分来使用、操作和分享 (9.8 节)。

用户工作角色
user work role

不是指一个人，而是指一项工作分配 (work assignment)，由相应的职位 (job title) 或工作职责 (work responsibilities) 来定义和区分。工作角色通常涉及系统的使用，但某些工作角色可能在被研究的组织的外部 (7.5.4.1 节)。

已在用户工作角色模型中完整地表示。如果没有，就将新的信息合并进来 (例如，向列表中添加一个新的用户工作角色)。如果基本数据笔记 (elemental data note) 提到了某个工件或信息的新流动路径，则在流程模型 (信息和工件在系统中如何流动的一个简单图形表示，参见 9.5 节) 中添加一个弧线或者一个新节点。如果笔记提到了给定用户工作角色的一个新任务，就将其添加到该用户工作角色的层次化任务清单，并为其启动一个任务序列模型。

9.2.2　高严格性需要保持与数据源的联系

使用研究数据和模型组件一般不需要高严格性，也不需要到原始来源的可追溯性。但是，如果有严格性和可追溯性的要求，你可以保留分配给基本数据 (elemental data) 的来源 ID，以维持从模型组件到数据源的连接。这样如果在过程后期对数据出现了疑问、分歧或解释上的问题，就可以追溯到原始来源。

示例：用来源 ID 标记模型

在 8.2.3 节和 8.2.7 节最后的例子中，我们有描述了购票者工作流程模型中的障碍的一个基本数据笔记：

一般很难在售票窗口从售票员那里获得关于活动的足够信息。[8]

如有可能，流程模型也在这里用 "[8]" 来标记，以维护数据源信息的这一监管链 (chain of custody)。

由于大多数项目不需要这种最大程度的严格性，所以本章其余部分我们不追求这种来源 ID 标记。

9.3　用户工作角色模型

工作角色模型 (work role model) 是最重要的模型之一，每个项目都需要一个。该模型的基础是用户工作角色、子角色以及相关用户类别特征的一个简单表示。在使用研究中尽早确定操作用户的工作 (或扮演) 角色至关重要。

9.3.1　什么是用户工作角色

用户工作角色 (user work role) 不是指一个人，而是指一项工作分配，由具有特定职位或工作职责的一个人的职责、功能和工作活动来定义，例如"客户"或"数据库管理员"。注意，职位本身并不一定是用户工作角色的好名字。你所用的名字应区分其执行的工作的类型。

例如，帮助客户购票的 MUTTS "售票员"是一种职位，他 / 她用系统做的任务和其他人用这些系统做的任务可能完全不同。例如，一项活动 (如音乐会) 的"经理"也可能用该系统将娱乐活动的信息录入系统，以便提供、购买和打印票。

可能有多人扮演同一个工作角色。例如，银行的所有收银员可能都属于同一个工作角色，即使他们是不同的人。

一个工作角色有以下可能：

- 涉及或不涉及系统的使用；
- 位于组织的内部或外部，只要其工作要求参与组织的工作实践。

作为要在使用研究数据中寻找什么原始数据的一个例子，售票机系统 (TKS) 中关于"购票者" (ticket buyer) 的任何信息都应合并到该用户工作角色模型中。

提示：MUTTS 是旧系统，用的是人工售票窗口；售票机系统 (Ticket Kiosk System，TKS) 是新系统，使用公共售票机。

示例：确定 MUTTS 的工作角色

MUTTS 已经提到的两个明显的工作角色，如下所示。

- 购票者 (ticket buyer)：和售票员交互以了解活动信息和购票。
- 售票员 (ticket seller)：为购票者提供服务，代表购票者用系统查询信息并购票。

我们在使用研究的早期还发现了其他一些角色，如下所示。

- 活动经理 (event manager)：与活动发起人 (event promoters) 就活动信息和 MUTTS 售票处出售的票进行协商。
- 广告经理 (advertising manager)：与外部广告商协商，安排通过 MUTTS 展示的广告，例如印在票的背面、张贴在公告板上和发布在网站上的广告。
- 财务管理员 (financial administrator)：负责会计和信用卡相关事务。
- 维护技术人员 (maintenance technician)：负责维护 MUTTS 售票处计算机、网站、票务打印机和网络连接。
- 数据库管理员 (database administrator)：负责数据库的可靠性和数据完整性。
- 行政主管 (administrative supervisor)：负责监督整个 MU 服务部门。
- 办公室经理 (office manager)：负责 MUTTS 日常运营。
- 助理办公室经理 (assistant office manager)：协助办公室经理。

9.3.2 子角色

对于某些工作角色，需区分由工作角色执行的任务的不同子集所定义的子角色 (subrole)。 "购票者"角色的子角色的例子包括学生 (student)、公众 (general public)、教职员工 (faculty/staff) 和校友 (alumni)。

9.3.3 介导的工作角色

某些"用户"担任的角色不直接使用系统，但仍然在工作流程和使用上下文中发挥重要作用。 我们称这些用户为"介导用户"(mediated user)，因其与系统的交互由直接用户介导 (代理)。Cooper (2004) 称他们为"被服务的用户"(served user)。他们在企业中仍然有真正的工作角色，而且是系统真正的利益相关方。

介导角色通常是企业的客户，直接用户 (例如柜员和代理) 将代表他们操作计算机系统。此类用户可能是零售店的顾客，也可能是需要银行或保险代理机构服务的客户。介导用户和代理之间的工作关系对于最终的用户体验至关重要。MUTTS 的"购票者"是其与计算机系统的交互由"售票员"介导的一种典型用户角色。

练习 9.1：确定产品或系统的用户工作角色

目标： 练习从工作活动笔记中确定工作角色

活动： 你现在应已非常明确自己系统的工作角色。使用和用户相关的工作活动笔记，确定并列出你的产品或系统的主要工作角色。

为每个角色添加解释性的笔记对其进行描述，并描述担任该角色的人员将要执行的主要任务集。

交付物： 为系统确定的工作角色的一个书面列表，每个角色都有对角色的解释以及对相关任务集的简要说明 (从高的层级来说明)。

时间安排： 差不多半小时。

工作活动笔记
work activity note
简明扼要和基本 (仅和一个概念、想法、事实或主题相关) 的一个陈述，记录从原始使用研究数据中合成的有关工作实践的一个点 (8.1.2 节)。

9.3.4 用户类别定义

工作角色或子角色的用户类别 (user class) 由可担任该角色的潜在用户社区的相关特征的描述进行定义。每个工作角色和子角色都至少有一个用户类别。

可通过人口统计、技能、知识、经验和特殊要求等特征来定义用户类别。

一些特殊的用户类别，例如"足球妈妈"(soccer mom)*、"雅皮士"(yuppie)、"都会美型男"(metrosexual) 或"老年市民"(elderly citizen)，可能是通过一些营销手段炒作起来的 (Frank, 2006)。

作为用户类别的例子，在新售票机系统 (TKS) 的购票者角色中，"城镇居民"(town-resident) 这一子角色可能包括无经验 (首次使用) 的公众。该工作角色的另一个用户类别可能是行动不便和存在视力障碍的老年人。

用于区分用户类别的特征可能涉及对相应工作角色进行描述的任何资质 (credential) 或资格 (qualification)。

1. 基于知识和技能的特征

与知识和技能相关的用户类别特征包括：

- 背景、经验、培训、教育和 / 或用户担任给定工作角色所需的技能。例如，给定的一类用户必须接受过零售营销培训，且有五年的销售经验。
- 计算机知识，包括一般知识和特定系统的知识。
- 工作领域的知识，了解当前设计的系统所针对的应用领域的各个方面的操作、过程和语义，并有一定的经验。

例如，医生可能要求是 MRI(磁共振) 专家，但也可能只要求对相关计算机应用领域有一般性的了解。相比之下，医院的行政主管可能对 MRI 系统的整体领域知识知之甚少，但可能对相关计算机应用程序的日常使用有更全面的了解。

用户类别定义的一些基于知识和技能的特征可以由组织政策甚至法律要求强制执行，特别是对于影响公共安全的工作角色。

用户类别定义的一些基于知识和技能的特征可能是由组织政策甚至法律所强制的，尤其是会影响公共安全的那些工作角色。

2. 生理特征

和生理特征相关的用户类别特征包括：

- 伤残、限制和其他与 ADA(身心障碍) 相关的注意事项。
- 年龄。如果希望老年人承担特定的工作角色，他们可能有一些需要在设计中照顾到的身体特征。例如，随着年龄的增长，他们很容易受到感官和行动限制的影响。

生理特征必然和无障碍访问问题相关。在工作角色中，还可以找到基于特殊特征 (例如特殊需求和残疾) 的用户子类。

* 译注
足球妈妈，指北美中产阶级家庭中贤妻良母型的妇女。一般住在郊区，花大量时间接送小孩去参加足球等课外活动。足球妈妈一般是中间选民，自 90 年代中期开始常在美国选举中被提及。她们平时忙于家务，不关心政治，但是对家庭、儿童相关的选举话题很敏感，也比较喜欢颜值高的候选人。

示例：MUTTS 的用户类别定义

售票员。最低要求可能包括用鼠标指点来操作电脑。可能需要一些额外的、简单的领域特有的培训。我们采访 MUTTS 的售票员时，发现他们确实有一份解释工作职责的手册，但随着时间的推移，它已经变得过时，而且大多都丢失了。

由于售票员经常作为兼职人员招聘，换人频率相当高。所以，实际上大部分售票员的培训都是在职培训，或者跟更有经验的人当几天"学徒"就搞定。在此过程发生一些错误在所难免。作为和公众打交道的主要渠道，人员不一定特别胜任该工作角色，所以并不能总是保证客户的满意度。只是，MUTTS 除此之外似乎没有别的办法。

练习 9.2：你的产品或系统的用户类别定义

目标：练习为工作角色定义用户类别，具体和上例差不多。

活动：使用你和用户相关的使用研究数据笔记创建几个用户类别定义，和上个练习确定的工作角色对应。说明每个用户类别的特征。

交付物：和已确定的工作角色对应的几个用户类别定义。

时间安排：约 30~45 分钟，这个作业的大部分都应该能搞定。

9.3.5　张贴工作角色建模结果

将更新和完善的工作角色、子角色和用户类别的视觉呈现张贴在设计工作室的中心位置，每个人在设计过程中都能参考它。

9.4　用户画像

用户画像 (user persona) 是在进行 UX 设计时，对作为具体设计目标的、担任某工作角色的用户的描述。画像是具体工作角色中的一个假想而具体的"人物"。作为一种使用户对设计师来说显得真实的技术，画像是有名有姓、有自己的生活、有自己的个性的真实个体的故事与描述，它使设计师能将设计重点集中在非常具体的东西上。

用户画像是一种与设计密切相关的用户模型。我们不为旧的、现有的产品 / 系统的用户制作画像，而只是用它们指导新系统的设计。之所以在这里和用户模型一起介绍，是由于它们是从用户的使用研究数据中得出的。

9.4.1　什么是用户画像

首先要注意，我们制作的每个画像都恰好适用于一个用户工作角色。所以，可为每个用户工作角色都制作一个画像，或者只为重要的用户工作角色制作。

一个设计不可能完美适合工作角色中的全部人。非要这么尝试，往往会得到一个非常笼统的设计，每个人都会觉得别扭。所以，建议将画像作为一个特定的设计目标来创建。

画像不是一个实际的用户，也不一定是典型用户，而且绝不代表平均用户。相反，画像是一个假装的用户，或者是一个"假设的原型"(Cooper,2004)。根据设计，必须为该用户提供服务。每个画像都是一个具有非常具体特征的"用户"，代表特定工作角色中具有特定用户特征的一个具体的人。

9.4.2　为画像提取数据

使用研究分析期间查看每个工作活动笔记时，如果它关于的是作为一个人的特定用户，而且说明了他们的个性和习惯，以及这个人如何使用产品或系统，就是一个很好的候选者，可考虑作为用户画像模型的输入。

下面这些示例基本数据笔记是 TKS 用户画像的候选输入。

- 我经常在校园另一边的实验室工作很长的时间。
- 我喜欢古典音乐会，尤其是本地艺术家开的那种。
- 我喜欢米德尔堡的社区意识。
- 有时我需要买一套相邻座位的票，因为我喜欢和朋友一起。
- 我喜欢一次买好几张 MU 球票，我要和朋友坐在一起。

第 14 章在讲到生成式设计 (generative design) 时，会进一步讨论如何构建画像，并用它们来指导设计。

9.4.3　用户画像创建前瞻

对于任何给定的工作角色，画像由其子角色和用户类别所产生的用户目标定义。不同子角色和相关的用户类别有不同的目标，这将导致不同的画像和不同的设计。

从用户研究数据开始，首先为每个用户工作角色创建多个候选画像。每个画像都是对特定个人的描述，他被赋予了名字、生活、个性和概况，尤其是关于他们如何使用新产品或系统的描述。务必使画像精确和具体。之所以要具体，是因为它能使你在设计时排除其他情况。

然后来到较困难的部分，即选择一个画像来进行设计。通过本书和设计相关的章（第Ⅲ部分）所描述的过程，你将选择这些画像之一作为主要画像，它是单一最佳设计目标，具体的设计都针对该画像进行。诀窍在于，目标设计要贴合你所选择的画像，同时要满足其他画像的需要。这部分的内容将推迟到设计章讲述。

示例：售票机系统 (TKS) 的画像

售票机系统的"学生"子角色的画像可能是 Jane，生物学专业的学生，二代 MUTTS 的参与者，也是一位忠实的 MU 体育迷，拥有 MU 球赛季票。Jane 是主要画像的候选者，因其在谈到 MU 的"学校精神"时，她能代表大多数 MU 学生。另一个画像是 Jeff，他是对艺术感兴趣的一名音乐系硕士。他也是一个重要的考虑对象，可增加设计的广度。

练习 9.3：用户画像的早期草图

目标：参考上例体验一个画像的制作。

活动：从你的系统中选择一个重要的工作角色。它最好有一个用户类别匹配一个较大、较多样化的用户群体，例如普通大众。使用与用户相关的使用研究数据来创建一个画像，为其命名，获取与之相配的照片。撰写画像描述文本。

时间安排：1 小时足矣。

9.5　流程模型

流程模型 (flow model) 是每个项目都需要的几个重要模型之一。

9.5.1　什么是流程模型

从根本上说，**流程模型**是代表信息和工件在使用期间如何在系统中流动的一个简单图示。在使用研究期间，应尽早确定基本系统流程。可根据流程模型理解在用户工作角色和产品 / 系统的各部分之间，信息、工件

(artifact) 和工作产品 (work product) 如何作为用户操作 (user action) 的结果进行流动。例如，一首歌或一段音乐从购买开始，到从 Internet 下载，最后到加载或同步到个人设备期间，它会如何流动？

　　流程模型是工作领域、其组件及其连接的鸟瞰图。这是每个工作角色中的用户和其他系统实体如何交互和通信以完成工作的高级视图。流程模型特别强调了如何在角色之间交接 (hand off) 工作。工作交接是最容易出问题的时候。如 Beyer and Holtzblatt (1997, p. 236) 所述："系统的工作是在角色之间传递上下文。"

9.5.2　流程模型的重要性

　　由于流程模型是系统如何适应企业工作流程的统一表示，所以了解它并尽早建立至关重要。和用户工作角色模型一起，流程模型是你的 UX 设计工作室沉浸之核心。即便早期的使用研究数据不完整且不完全准确，也可逐渐将其完善，使工作领域、系统和用户的清晰图景徐徐显现。如有必要，应回到用户那里，请他们验证流程模型的准确性和完整性。

9.5.3　如何制作流程模型

　　从 UX 生命周期的早期开始，有下列步骤。

- 将不断演变的流程模型图绘制为节点和弧线图。
- 首先将标记为工作角色的人物图标绘制为节点。
- 把组织外部的角色也包括进来。
- 为其他实体添加节点，例如和工作实践相关的任何内容都可能流入和流出的数据库。
- 绘制定向弧线 (箭头)，表示节点之间完成企业的工作所需的流程、通信和协作。
- 对弧线进行标记，注明什么 (例如工件和信息) 在流动以及通过什么媒介 (例如电子邮件、电话、信件、备忘录和会议) 流动。

　　在使用研究分析中，若遇到对组织中的工作流程进行描述的基本笔记，将其作为输入到流程模型的输入放到一边，或将其直接合并到不断演变的流程模型中。

　　流程模型还包括非 UI 的软件功能 (如果它是流程的一部分)，例如必须在打印和发放工资单之前运行的薪资程序。如制作了和网站在工作实践

沉浸
immersion

对手头的问题进行深入思考和分析的一种方式，目的是在问题的背景下"生存"，并为问题的不同方面建立联系 (2.4.7 节)。

中如何使用有关的流程模型，请不要将其用作所访问的页面的流程图。但是，它应表示信息和指令如何在站点、页面、后端内容和用户之间流动以执行工作活动。

有时，必须使流程模型尽可能详细倒是以了解流程的重要细节，并深入挖掘和谁在做什么有关的重要问题。

在 UX 设计工作室显眼的位置张贴流程模型的大图来作为沉浸的核心部分。

示例：制作 MUTTS 流程模型的草图

图 9.2 展示了一个简单的早期 MUTTS 流程模型，它聚焦于"售票员"(ticket seller) 和"购票者"(ticket buyer) 角色之间发生的购票活动，基于数据抽取期间画的草图以及在使用研究分析期间遇到的基本元素数据笔记。

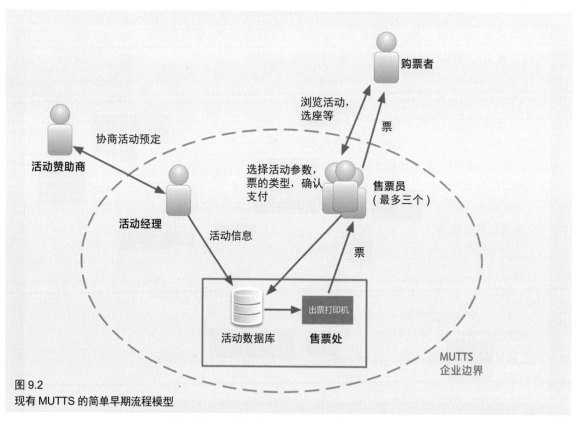

图 9.2
现有 MUTTS 的简单早期流程模型

购票者和售票员之间的交互可能从"当前有哪些活动"这一问题开始。然后，售票员向活动数据库发送关于该信息的一个合适的请求。作为回应，信息流回售票员。然后，售票员将该信息告知购票者。进行一次或多次这样的交互，确定了哪些票可用，且购票者最中意其中哪些之后，一个购票请求从购票者流向售票员，再流向活动数据库。付款完成交易后，一个请求流向出票打印机。打印的实体票流向售票员，再交给 (流向) 购票者。

示例：扩展 MUTTS 流程模型

在使用研究分析期间，随着更多与购票过程相关的基本数据笔记的出现，我们可以扩展和改善 MUTTS 流程模型。例如在图 9.3 中，我们增加了一个在线出票的来源：Tickets4ever.com，它是 MUTTS 的合作伙伴。

最终，MUTTS 的流程模型演变成一个相当完整的图，如图 9.4 所示。

注意那些不直接参与购票 / 售票的角色之间的交互。例如右上角的购票者的朋友和 / 或家人。他们要么和购票者站在一起，要么通过手机进行沟通，交流对事件、日期、座位和价格的选择。

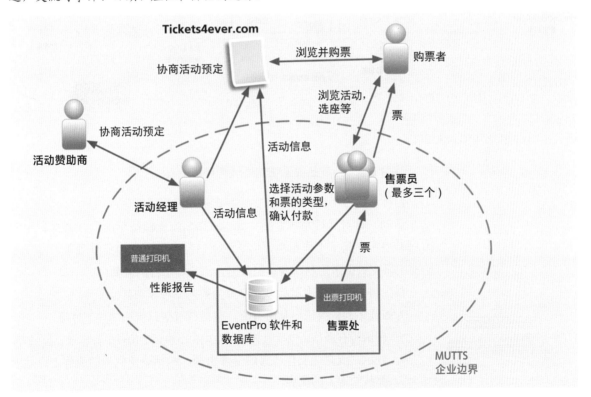

图 9.3
MUTTS 系统流程模型草图的进一步完善，将 Tickets 4ever.com 网站显示为一个节点

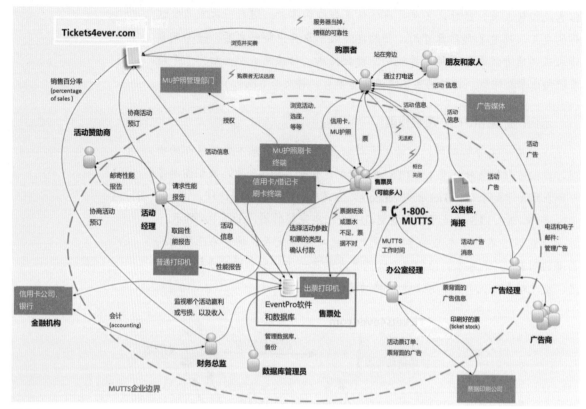

图 9.4
我们这个版本的 MUTTS 的流程模型

练习 9.4：为产品或系统创建流程模型

目标：练习为组织的工作实践制作初始流程模型草图。

活动：针对目标系统，使用和 MUTTS 流程模型草图一样的样式绘制流程模型图，显示工作角色、信息流、信息存储库和事务处理等。基于原始使用研究数据来绘制，表示出数据、信息和工件的流动。

首先将工作角色表示为节点，再为数据库等添加其他节点。

为弧线添加标签以显示所有流，包括所有信息流和物理工件流。

- 显示所有通信，包括直接对话、电邮、电话、信件、备忘录、会议等。
- 显示完成企业工作所需的全部协调。包括企业内部的流程，以及外部其他地方的流程。

如果尚未从有限的数据抽取练习中获得足够的使用研究数据，请利用其他类似的业务实践来完成这一工作。

交付物：一页图表，它展示了目标产品或系统现有工作过程的一个高级流程模型。

时间安排：假设一个相对简单的领域，我们预计本练习约需 1 小时。

9.5.4　作为一种流程模型的客户旅程地图

7.5.4.2 节描述了通过影子用户的方式和记录客户旅程来收集有关扩展使用 (extended usage) 的数据，这是"组织与客户在其关系持续时间内交互的产物。"[①] 在数据建模中，这种数据可由所谓的"客户旅程地图"(customer journey map) 来表示。

作为不同类型的使用流程的一种具体的活动模型，客户旅程地图是客户或用户如何随着时间和空间的变化体验产品或服务的一个"地图"(map)。它绝对是用户体验的一种生态视图 (ecological view)，而且一般都涉及普适信息架构 (pervasive information architecture)。

客户或用户随着时间的推移，穿越空间与生态进行交互。客户旅程地图 customer journey map 用于向客户讲述使用故事 (story of usage)，并帮助 UX 设计师了解他们的特殊工作实践和需求。

9.6　任务结构模型：层次化任务清单 (HTI)

9.6.1　任务模型

任务模型 (任务结构和任务序列模型) 代表用户做什么或者能做什么。主要任务结构模型是层次化任务清单 (hierarchical task inventory，HTI)。任务模型对于明确 UX 设计细节至关重要。如果使用研究分析中的一个基本数据笔记提到一个用户任务或特性，就可考虑将其集成到任务模型。

9.6.2　任务结构模型的优势

如果产品或系统针对许多不同的用户工作角色具有许多不同类别的大量用户任务，则任务结构模型 (例如层次化任务清单或 HTI) 是组织任务的一个好方法。任务结构模型对系统设计必须支持的任务和子任务进行编目。和功能分解一样，任务清单用于捕获任务和子任务之间的层次关系。

任务结构模型。

- 表示在工作实践和工作环境中 (无论是否使用系统)，可能存在哪

普适信息架构
pervasive information architecture

用于组织、存储、检索、显示、操作和共享信息的一种结构，提供跨越广泛生态的各个部分的永远存在的信息可用性 (ever-present information availability)(12.4.4 节和 16.2.3 节)。

生态
ecology

在 UX 设计的背景下，生态是指用户、产品或系统与之交互的整个世界的周边部分，包括网络、其他用户、设备和信息结构 (16.2.1 节)。

---

① https:/en.wikipedia.org/wiki/Customer_experience

些用户任务和操作。

■ 是明确 UX 设计细节的关键，告诉你必须在系统中设计哪些任务 (和功能)。

■ 针对新涌现出来的设计 (emerging design)，作为检验其完整性的一个核对清单使用 (Constantine & Lockwood, 1999, p. 99)。

层次化任务清单还有其他优点，具体涉及后期组织和管理用户故事，以及将完整用户故事集作为需求来创建时的一个指南。

9.6.3　任务和功能

谈及系统的特性 (feature) 时，我们或多或少都会非正式地、换着用术语 "任务" (task) 和 "功能" (function)。但如果想避免混淆，我们会用 "任务" 指代用户所做的事情，用 "功能" 指代系统所做的事情。

视角不确定的情况下，我们有时两个词都用。例如，在谈及 "显示 / 查看" 信息的情况时，这两个词代表对同一现象的两个视角。很明显， "显示" 是系统做的事情， "查看" 是用户做的事情。在这种情况下，用户和系统协作执行任务 / 功能。当然，在使用研究分析中，用户 (或任务) 的视角最重要。

9.6.4　创建 HTI 模型

简单的任务结构可以很容易地表示为任务和子任务的分级 (缩进) 列表。更复杂的任务结构最好用 HTI 图表表示。

层次化任务清单可以自上而下、自下而上或两者兼而有之。大的、更常规的任务被分解为更小、更具体和更详细的任务。

9.6.5　层次化关系

图中的不同位置代表任务和子任务之间的层次关系。如任务 A 在 HTI 图中直接位于任务 B 的上方，如图 9.5 所示，表明任务 B 是任务 A 的子任务，任务 A 是任务 B 的超任务。测试这种关系的试金石是：如果在做任务 B，必然也在做任务 A，因为任务 B 是任务 A 的一部分。

在这种结构中对任务进行命名的最佳方式是写成一对 < 操作 >< 对象 >，例如 "添加约会" 或 "配置参数"。或者，写成一个 < 动词 >< 形容词 >< 名词 > 三元组，例如 "配置控制参数"。

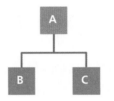

图 9.5
任务 A(超任务) 和任务 B/
任务 C(子任务) 的层次关系

9.6.6　避免时间影响

层次关系不显示时间顺序。图 9.6 是对层次关系的一次错误尝试，因为选择一个档位不是发动引擎的一部分。换言之，它没有通过前面提到的试金石测试。

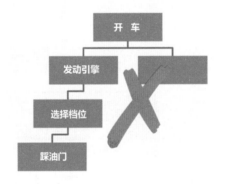

图 9.6
试图显示时间顺序的一个
错误的层次关系

示例：MUTTS 的第一级 HTI 图

在 MUTTS 最高级别的任务上，你拥有由每个工作角色 (例如财务主管、数据库管理员、活动经理、广告经理和购票者) 执行的主要任务集。使用"操作 - 对象"方式对任务进行命名，这些主要任务集可能被称为"管理财务"或"管理数据库"等，如图 9.7 所示。

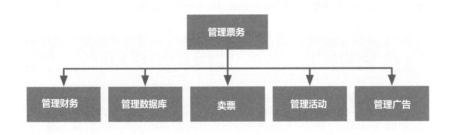

图 9.7
MUTTS 层次化任务清单
(HTI) 图的第一级

9.6.7 HTI 经常可按用户工作角色进行分解

大系统的完整 HTI 可能相当庞大。幸好，有一种方法可以控制这种复杂性。一般可以按用户工作角色分解完整的 HTI，因为一个用户工作角色执行的任务集通常与其他用户工作角色执行的任务集是分开的。从顶部开始的第一级是按用户工作角色进行分解的地方 (图 9.8)。结果是为每个用户工作角色都生成一个单独的 HTI 图。

在分析和设计中，团队一般都可以或多或少地单独考虑每个用户工作角色图。当然，可能存在跨系统的问题，而且有部分设计会涉及多个用户工作角色。但是，这种不完美的划分能有效地帮助 UX 设计师一次查看整个系统的一部分。

图 9.9 展示了 MUTTS 的"售票员"角色的 HTI 图。"售票"任务包括所有活动搜索和完成售票的其他必须的子任务。

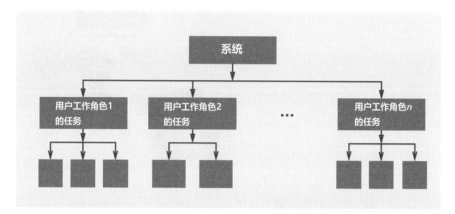

图 9.8
在任务层次结构的顶部按
用户工作角色进行分解

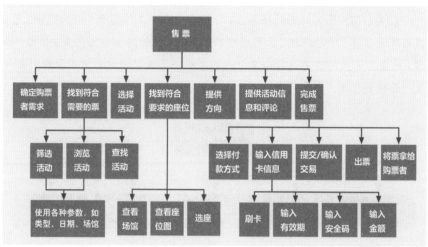

图 9.9
MUTTS "售票员" 角色的
示例 HTI

练习 9.5：产品或系统的 HTI

目标：练习创建 HTI 图。

活动：使用和任务相关的工作活动笔记，并根据你对产品或系统的了儿腿上，为系统创建一个简单的 HTI 图。

交付物：你选择的产品或系统的简单 HTI 图（可能有多张）。

时间安排：1 小时足矣。

9.7　任务序列模型

如果有描述了用户任务的基本数据笔记，可用多种不同的任务序列模型来表示它们。

9.7.1　什么是任务序列模型

任务序列模型 (task sequence model) 是对用户如何使用产品或系统执行任务的逐步描述。用户操作和系统响应通常分为两个（或多个）"泳道"(swim lane)。任务描述具有某些"样板"(boilerplate) 参数，如后续的小节所述。

其他类型的任务序列模型用于强调 (highlight) 用户工作流程。其中包括状态图 (state diagram)，它是流程模型和任务序列模型之间的一种混合抽象，显示用户导航以及用户工作流程中的信息和工件如何在用户工作角色和其他活动代理（例如数据库系统）之间传递。

场景 (scenario)。场景是对特定工作环境 (specific work context) 的一个特定工作情况 (specific work situation) 下执行工作活动的特定人员的描述，以具体的叙事风格讲述，好比它是真实使用事件的一个文字描述 (transcript)。场景是对随时间推移而发生的关键使用情况的一种刻意非正式的 (informal)、开放式的 (open ended) 和碎片式的 (fragmentary) 叙述。

使用场景 (usage scenario) 是对某人使用现有产品或系统的方式的一个描述。设计场景 (design scenario) 是对正在设计的产品或系统的设想用途的描述。

示例：最简单的早期任务序列模型——菜单规划应用程序的使用场景

有时，最早的有效任务序列模型是使用或设计场景，也就是在使用研究数据获取期间捕获的用户将用系统执行什么操作的叙述。下面是这样的一个例子。

状态图 (state diagram)(UX)

一种有向图 (directed graph)，其中节点是对应于屏幕的状态（在最广泛的意义上），弧线（或箭头）是由用户操作或系统事件导致的状态之间的转换。在线框图和线框原型中用于显示屏幕之间的导航 (9.7.6 节和 20.4.4.2 节)。

本例经允许取自研究生级的一个 HCI 课程学生项目,关于的是一个 (食品) 菜单管理系统。如这些学生在其报告中所述:最开始从高的级别上编写,然后逐渐扩展这些场景以包含更多细节,并根据需求用这些场景检查新涌现出来的设计 (emerging design),识别系统状态,以及确定任务 (甚至早期的原型界面功能)。

场景 1: Lois 患有糖尿病的父亲将在她母亲住院期间与她同住。Lois 不习惯为糖尿病人做饭。另外,她还在节食,所以想吃一些低脂食物。为了让事情变得更容易,她求助于膳食计划程序 Menu-Bot 来制定适合她父亲和自己的膳食计划。

Lois 首先创建了一个新的三天的膳食计划。第一天的早餐是简单的咖啡、果汁和烤面包组合。由于她和父亲都要工作,所以还准备了一份简单的海鲜沙拉,他们可以带去作为工作午餐。

但晚餐时,她想要一份主菜、汤和两道配菜的菜单;甜点也不错。由于不想费力去浏览 Menu-Bot 中的所有食谱,只想看那些低糖和低脂的,所以她要求只为她提供分类为低糖 (适合高血糖人群) 和低脂的鸡肉菜肴。主菜从 Menu-Bot 推荐的套餐中选择:芦笋蟹汤、柠檬鸡、青豆和香草烤土豆等低脂低糖菜肴。

晚上,Lois 的父亲先下班回来,决定尝试做饭。看到 Lois 使用 Menu-Bot,他打开了她准备的膳食计划并选择了晚间菜单。由于烹饪经验不足,他让 Menu-Bot 来指导自己准备食材和烹饪。

场景 2: Bob 喜欢烹饪多种类型的食物,以至于他的厨房里堆满了食谱。过去,要找到他 "有心情" 的食谱是一项艰巨的任务。但他现在有 Menu-Bot 来帮忙。他计划为 6 位客人举办晚宴,并且已经决定提供烤三文鱼配杏仁酱和柠檬奶油南瓜,主食是北美野生大米 (升糖指数为 54)。所以他直接将这些菜输入系统,并得到一些搭配得不错的食谱。但是,他仍然需要开胃菜和餐酒,所以他让 Menu-Bot 推荐,结果不错,他把这些也添加到晚餐菜单中。

练习 9.6:为你的产品或系统写作为简单任务序列模型的使用场景

目标: 练习尽早写使用场景,简单的任务序列模型

活动: 为你的用户工作角色之一 (例如客户) 选择一两个具有代表性的任务线。

写两个详细的使用场景,要提及用户角色、任务、操作、对象和工作场景。

快一点写完，以后随时可以整理。

交付物：用于分享和讨论的几个使用场景。

时间安排：1 小时足矣。

9.7.2　任务序列模型的组成部分

任务序列模型由四部分组成。

1. 任务和步骤目标

任务或步骤目标 (task or step goal) 是执行任务或采取步骤的目的、原因或依据 (rationale)。Beyer and Holtzblatt (1998) 将其称为用户"意图"(intent)，目标是指一个用户意图，即用户通过完成任务想要达到什么。

2. 任务触发器

任务触发器 (task trigger)(Beyer & Holtzblatt, 1998) 或步骤触发器 (step trigger) 是导致用户启动一个给定的任务或任务步骤的事件或激活条件。例如，一个来电导致了订单的填写。用户之所以要登录系统，是因为出现了一个需要，例如需要录入表格中的数据。

从使用研究分析的数据笔记中很容易识别触发器。新工作到达用户的收件箱，新飞机出现在空中交通管制员的屏幕上，电子邮件请求到达，或者日历显示一份报告即将交稿。

3. 任务障碍

在使用研究数据中，任务障碍 (task barrier) 的迹象包括阻碍成功、轻松和令人满意地完成任务或任务步骤的用户问题和错误。任务障碍是使用户感到沮丧，并阻碍生产力或流程的"痛点"(pain point) 或"瓶颈"(choke point)。为了在数据模型中标识障碍，我们会使用闪电符号 (⚡)，这是 Beyer 和 Holtzblatt 推荐的符号。应将该符号放到解释障碍的一个缩进行的开头。如通过使用研究数据获知了用户对一个障碍的反应或响应 (reaction or response)，请在任务步骤中的障碍描述后添加对此的简短说明。

任务障碍在 UX 设计中特别重要，因其指出用户在工作实践中遇到的困难，这进而是改进设计的关键机会。

4. 任务中的信息和其他需求

任务描述的一个重要组成部分是确定任何步骤中未满足的用户信息和其他需求，这是任务执行最大的障碍来源之一。使用研究数据的抽取和分析过程以及建模可帮助你确定这些需求，可对这些需求进行特殊标注。在需要发生的步骤之前添加一个缩进的行，以红色 N(N) 开头，再写对需求的描述。这里的 N 代表 Need(需求)。

9.7.3   如何写逐步任务序列描述

■ 在使用研究分析或建模中，一旦遇到提及任务、任务步骤或子任务的基本数据笔记，就将它们合并到适当的、不断演变的任务序列模型中。

■ 顺序步骤可写成一个有序列表，不需要用流程图风格的箭头来显示流程。

  □ 线性文本行不那么杂乱，且更易阅读。

■ 首先显示用户会采取的最常见步骤：

  □ 这有时称为"快乐路径"(happy path) 或"前进路径"(go path)。

  □ 这为基本任务提供了一个快速且易于理解的概念，不至于因为有一大堆特殊情况而显得乱糟糟。

一开始，单独的任务交互模型大多是没有分支的线性路径。稍后可以添加最重要的分支或循环 (9.7.4 节) 以涵盖条件和迭代情况。

例如，网上购买机票的初始任务交互模型可能不会显示用户能选择信用卡或 PayPal 付款的决策点。可能只是用信用卡购买机票的任务的一组线性步骤。后来，合并了一条单独的用 PayPal 支付的线性路径，从而引入了决策点和分支。

从用户故事到相关任务序列模型,再到线框设计,这是非常自然的路径,在敏捷 UX 设计中效果很好。这是在整个 UX 生命周期中分布建模的另一个例子。

任务序列模型
task sequence model
对用户如何使用产品或系统执行任务的一个逐步描述，包括任务目标、意图、触发器和用户操作 (9.7 节)

示例：MUTTS 的初步任务序列模型

下面是 MUTTS 票务的一个极其简单的逐步任务序列表示。

MUTTS 购票者	MUTTS 售票员
1. 排队等候。	2. 欢迎购票者。
3. 描述想要什么活动的票。	4. 查看数据库中的活动。需要几张票？
5. 说明要几张票。	6. 查看场馆座位图。向购票者说明座位和价格。
7. 选座。	8. 计算并说明总价。您想怎么付款？
9. 用信用卡付款。	10. 出票，提供收据 (小票)，把卡还给购票者。

可以看出这是一个相当粗糙的任务序列框架。随着对它们的进一步了解，可添加其他步骤和细节。

示例：更详细的 MUTTS 逐步任务交互模型

任务名称：查找给定日期的娱乐活动 (由售票员代表购票者执行)。

任务目标：帮助购票者为即将到来的周五晚上选择和购买娱乐活动的票。

任务触发器：购票者在周四晚上下班回家的路上到达 MUTTS 售票窗口，考虑为周末做下规划。

注意：为步骤编号有助于分析和讨论，这样可方便以后引用，就像本例所做的那样。

购票者	售票员
1. 告诉售票员想为第二天 (周五) 晚上查找娱乐活动的一般目标。	
2. 向代理询问有哪些娱乐类型可供考虑。	3. 告诉购票者可选戏剧、音乐会、电影和体育赛事。
4. 对这些娱乐类型的了解还不够。要求看看各种类型的例子。	

步骤目标：考虑娱乐活动的例子。

5. 问周五晚上有哪些活动。

障碍 ⚡：代理发现结果数量过多，无法整理或告知客户。

对障碍的回应：

购票者	售票员
	6. 问客户如何筛选结果或者缩小范围 (例如，"你能更多地说明你想要的活动吗？")
7. 问在市中区合理步行距离内，或者米德尔堡巴士站附近有什么活动。	8. 告知一些可能的选择。

任务继续：

9. 思考这些可能的选择

⚡：一边要记住口述的这些活动，一边又要从中选一个，这显得很难。

对障碍的回应：

10. 用笔记一下。

触发器：购票者似乎对电影动心了。

目标：找部电影来看。

11. 告诉代理自己想看电影。	
12. 告诉代理使用一样的市中区步行距离或者米德尔堡巴士站附近标准。	13. 告知一些可能的选择。
14. 考虑这些选择，找出自己喜欢的几个。	
15. 把选择记到纸上。	

因中途插入任务而造成中断的触发器：想到一个朋友可能也喜欢这些电影。

N：需要知道朋友怎么选。

目标：联系朋友帮助缩小选择范围，一起挑一个大家都想看的电影。

16. 要代理等一下。

17. 用手机打电话给朋友。

18. 和朋友一起做出选择。

触发器：选好了，准备买两张票。

目标：买票。

19. 告诉代理买两张电影票。	20. 用电脑建立交易。
	21. 问：现金还是刷卡？
22. 递给代理信用卡。	23. 刷卡。
24. 为交易凭据签名。	25. 打印票和收据。
	26. 递出票、信用卡和收据。

9.7.4　超越线性任务序列模型

虽然逐步 (step-by-step) 任务序列模型主要用于捕获代表性任务步骤的线性序列，但有时在工作实践中会遇到可以选择的点。可通过**分支和循环**来显示此选项以概括任务序列，如图 9.10 左侧的箭头所示。

类似地，如果观察到一组任务或任务步骤的重复，就可以像图 9.10 右侧那样表示。对于重复或迭代的步骤集合，要注意迭代次数或终止条件。

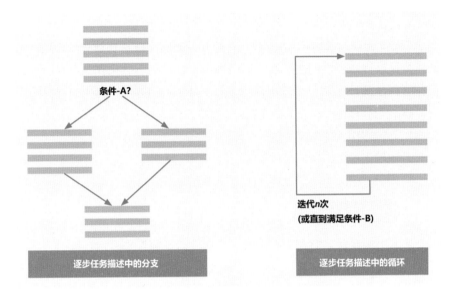

图 9.10
逐步任务序列模型中的分支和循环结构

示例：MUTTS 的任务序列分支和循环

图 9.11 展示了使用 MUTTS 售票时的任务序列草图。注意，其中用了几个循环来迭代任务的几个部分，而且在底部框中进行了分支以适应两种不同的情况。

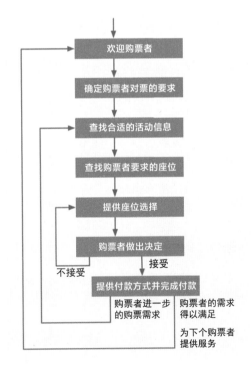

图 9.11
MUTTS 的任务序列分支和循环

9.7.5　基本用例任务序列模型

Constantine and Lockwood (1999, p. 100) 对逐步任务描述和软件用例的最佳特征进行结合，创建了基本用例 (essential use case) 来作为一种替代的任务序列建模技术。一个基本用例 (Constantine & Lockwood, 2003) 具有以下特征。

- 是结构化的叙述。
- 用工作领域中用户的语言表达。
- 描述与单一用户意图或目标相关联的任务。
- 是抽象的。

命名基本用例。根据 Constantine and Lockwood(1999, p. 100) 的说法，每个基本用例在命名时都先写一个"连续性的动词"来表示持续的意图，再写一个完全限定的对象。例如，"购买电影票"(buying a movie ticket)。基本用例捕获用户打算做什么以及为什么做，而不关心具体怎么做。一个例子是查找特定的娱乐活动，但其中不涉及用户操作，例如点击按钮。

基本用例是抽象的。这里的"基本"(essential) 指的是抽象 (abstraction)。基本用例仅包含作为任务本质的步骤。该表示是进一步的抽象，因其只表示一个可能的任务线，一般是最简单的那条线，没有任何备选方案或特殊情况。每个描述都是纯粹的工作领域说明，独立于技术或它在 UX 设计中的外观。作为一种抽象，基本用例是可在其上编织任务描述的一种骨架。

基本用例有助于围绕核心任务构建交互设计。这些都是高效的表示，直达用户想要做的事情的本质以及系统所扮演的相应部分。

为进一步理解，在 Constantine and Lockwood(2003) 的 ATM 例子中，用户的第一步被表达为一个抽象的目的，即交互"什么"(what)："识别自己的身份"(identify self)。这里没用"如何"(how) 来表达；例如，他们没有说第一步是"插入银行卡"。这个看似简单的例子展示了一个非常重要的区别。

示例：TKS 的基本用例

表 9.1 的例子采用了与 Constantine and Lockwood(2003) 相同的方式。注意这些描述是如何抽象的。

表 9.1　基本用例的一个例子：用信用卡或借记卡支付购票交易

1. 表达交易意图。	2. 请用户识别自己的身份。
3. 识别自己的身份。	4. 请求说明想要的交易。
5. 说明想要的交易。	6. 开始就交易的各种参数进行协商。
7. 参与可能的交易协商。	8. 汇总交易和费用。
	9. 请求确认交易
10. 提交确认。	11. 完成交易。

注意抽象是如何为设计留出空间的。例如，用户身份识别可通过信用卡完成。交易确认可通过签名的形式提交，交易可以通过一张收据 (小票) 结束。

11.5 节将简要讨论软件工程中的基本用例的根源。

练习 9.7：MUTTS 购票的任务序列模型

目标： 为 MUTTS 售票处的票务代理所完成的售票任务自行创建一个更详细的基本用例模型 (essential use case model)。

活动： 选择一个关键的购票代理任务并为其命名。

将一条可能的任务执行线分解为多个步骤，包括涉及与系统外部客户交互的所有步骤。在适当的情况下，针对每个步骤都要做到以下几点。

- 确定用户意图。
- 任务触发器。
- 注意任何可能的故障点。

作为一个任务序列写下来。

交付物： 作为基本用例模型编写的一个任务序列。

时间安排： 约 30 分钟。

9.7.6　状态图：表示任务序列和导航的下一步

作为流程模型和任务序列模型之间的一种混合抽象，状态图 (state diagram) 在设计的交互视图中表示流程细节和导航。状态图是流程模型的一种形式，表示的是对用户的输入操作进行响应的状态变化 (屏幕间的导航)。这是一种旨在显示和理解主要工作流程模式和路径的抽象，参见 20.4.4.2 节。

虽然状态图可表示任何级别的细节，但如果坚持使用主要导航路径并忽略不必要的细节 (例如错误检查、确认对话等)，则初始状态图最适合用于建立初始线框。在事务系统中，流程模型可能会变得非常复杂，边缘情

任务序列模型
task sequence model

对用户如何使用产品或系统执行任务的一个逐步描述，包括任务目标、意图、触发器和用户操作 (9.7 节)。

状态图
state diagram(UX)

一种有向图 (directed graph)，其中节点是对应于屏幕的状态 (在最广泛的意义上)，弧线 (或箭头) 是由用户操作或系统事件导致的状态之间的转换。在线框图和线框原型中用于显示屏幕之间的导航 (9.7.6 节和 20.4.4.2 节)。

线框流程
wireflow

也称为线流，是在交互设计中说明导航流程 (navigational flow) 的一种原型，将流程表示为有向图，其中节点 (node) 是线框，弧线 (arcs) 是代表线框之间导航流程的箭头 (20.4.3.1 节)。

线框
wireframe

交互视角下的屏幕或网页设计的可视模板，由线和框构成 (所以称为 "线框")。它表示了交互对象的布局，包括标签、菜单、按钮、对话框、显示屏幕和导航元素 (17.5 节)。

况会成倍增加。一个抽象的状态图有助于你找出流程的本质，以形成线框流程 (wireflow 或线流) 设计的最简单版本的主干。开始设计系统屏幕的线框时，可将每个屏幕都视为状态图中的一个状态；此时是为 "存" 于该状态下的事物进行设计。为避免与状态图的完整描述重复，建议参考 20.4.4.2 节以进一步了解什么是状态图，以及如何制作和使用这种图。

在早期设计中，状态图可轻松转换为线框结构。更多细节和例子请参见第 20 章。

9.8 工件模型

并非所有的工作实践都以工件 (artifact) 为中心，如果是，就用工件模型来描述关键对象。作为其工作实践的一部分，用户会使用、操作和共享哪些工件？现在是时候将你在数据抽取中收集的、涉及产品或系统使用的工件 (例如文书) 合并到一个简单的工件模型中。工件是一种对象，通常有形 (tangible)，在系统或企业的工作流程中发挥作用——例如餐厅打印的小票 (收据)。

9.8.1 工件模型中有什么

在这个时候，工件模型可能只是做了标记的工件的一个集合，以及关于它们的一些笔记。工件的例子如下。

- 工作实例表
- 草图
- 道具
- 备忘录
- 重要电子邮件
- 信函模板
- 产品变更单
- 订单
- 收据
- 纸质或电子表格
- 模板
- 用户在任务中创建、检索、使用、引用并且 / 或者传递给工作领域的其他人的物理或电子实体
- 工作场所和正在执行中的工作照片 (经许可)

■ 在执行的工作中发挥作用的其他对象 (物件)

工件是流程模型中从一个工作角色传给另一个工作角色的最重要的实体之一。

示例：来自本地餐厅的工件

我们用户体验课程的一个项目团队设计了一个系统为本地餐厅的接单支持更高效的工作流程。该餐厅是地区性连锁店的一部分。作为数据抽取的一部分，他们收集了一套纸质工件，包括手写订单、"客人对账单"和收据 (小票)，如图 9.12 所示。

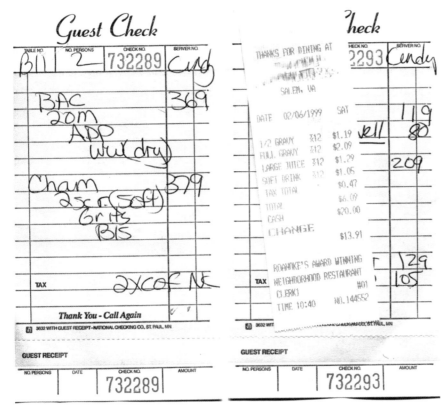

图 9.12
从本地餐厅收集的示例工件

团队采访使用这些工件的不同角色时，它们是很好的对话道具。它们提供了讨论的出发点，因为几乎每家餐厅都会一遍又一遍地使用这些工件。接单时有哪些东西要和这种工件配合？哪些方面可能会出故障？一个人的笔迹如何影响这部分工作活动？服务员和客人之间的交互是怎样的？服务员和后厨如何交互？

9.8.2　构建工件模型

如何制作工件模型？你现在已经拥有在使用研究数据抽取期间收集的一系列工件，包括草图、文书副本、照片和物理工作实践工件的真实样本。

如果合适，做一些海报作为展品以准备进行讨论和分析。将每个工件的样本和反映它们如何使用的照片附在海报（例如空白的活动挂图页，即 flip chart page）上。从你的数据笔记中，为这些展品添加注释以解释每个工件在工作实践中的使用方式。添加便签，将其与任务、用户目标和任务障碍联系起来。

这些海报是用户工作实践的一种有形和视觉上的提醒，每个人都可以在旁边走动、思考和谈论，而且它们本身就是沉浸的核心（centerpiece of immersion）。

但工作实践工件真正的重要性在于它们如何在整个流程中讲述一个故事。一个给定的工件如何无缝地支持流程？它会导致故障吗？它是两个系统或角色之间的过渡点吗？在这方面，工件是流程模型的重要组成部分。

示例：将工件并入餐厅流程模型

很容易想到与餐厅的流程模型相关的工件。担任客户工作角色的人遇到的第一个工件是菜单，由担任服务员工作角色的人提供。客户工作角色用该工件决定下单哪些食物。

其他常见的餐厅工件还有供服务员手写原始订单的一个订单表格和客人对账单（参见前面的图 9.12）。如果用电脑系统录单，则可以是相同的工件或者一张打印的对账单。最后，可能会有一张常规收据；如果使用信用卡，还会有信用卡签单和信用卡收据。和大多数企业一样，餐厅中的工件至少是至少部分流程模型的基础。在图 9.13 中，你可以看到餐厅工件如何帮助展示从点单到上菜，再到完成支付的工作流程。

这些工件，尤其是当作为流程模型的一部分排列时，有助于将使用研究数据和对于设计的超前思考联系起来。例如，图中显示的等待和无聊对客户构成了一种“障碍”，用闪电符号（ ⚡ ）表示。但这个等待时间也是一个设计机会。在等待期间为客人提供音乐、新闻或娱乐，可以缓解无聊并获得市场竞争优势。

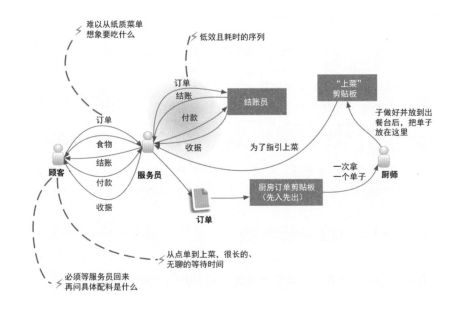

订单
结账

难以从纸质菜单
想象要吃什么

低效且耗时的序列

结账员

"上菜"
剪贴板

子做好并放到出
餐台后，把单子
放在这里

订单

食物
结账
付款
收据

付款

收据

为了指引上菜

一次拿
一个单子

厨师

顾客

服务员

订单

厨房订单剪贴板
（先入先出）

从点单到上菜，很长的、
无聊的等待时间

必须等服务员回来
再问具体配料是什么

图 9.13
餐厅流程模型的早期草图，
注重的是从工件模型衍生
的工件

示例：汽车维修店车钥匙和维修单的工件模型

下面是工作流程中工件的一个非餐厅的例子。在本例中，会将客户汽车的钥匙视为汽车维修店工作实践的核心工件。首先，它们可能与工单一起放在一个信封中，这样机械师在需要时就能拿到钥匙。做这样的项目时，如果手上没有实际的钥匙，请即兴发挥。拿一套不再需要的旧钥匙，把它们作为工件模型中真钥匙的替代品。

维修后，钥匙挂到钉板上，与维修单分开，直到向客户出示发票并支付账单。为支持沉浸，应该为自己制作一个钉板模型和一份维修单，把它们添加到模型中不断增长的工件集合中。

9.9　物理工作环境模型

物理模型 (physical model) 是作为工作实践一部分的工作地点物理布局、人员、设备、硬件、生态的物理部分、通信、设备和数据库的图形表示。如流程中实体的物理布局事关工作的结果，这种模型就尤其重要。例如，金融机构交易大厅桌子的位置可能很重要，因为交易员之间要通过手语和其他口头交流来进行许多信息的交换。

在使用研究分析中，如果遇到有关物理工作场所布局及其如何影响工作实践的基本数据笔记，请将它们合并到不断演变的物理模型中。还要检

物理工作环境模型
physical work
environment model

工作环境的图形表示，
包括作为工作实践一部
分的工作地点物理布
局、人员、设备、硬件、
生态的物理部分、通信、
设备和数据库(9.9节)。

查你在数据抽取访问期间拍摄的任何照片。在其中加入工作环境的草图、图表和照片:

- 物理工作空间布局
- 楼层平面图 (不需要缩放)
- 人和重要物体在交互过程中所处的位置以及移动到的位置
- 下面这些东西的位置:
  - 家具
  - 办公设备 (电话、电脑、复印机、传真机、打印机、扫描仪)
  - 通讯连接
  - 工作站
  - 与客户和公众的接触点

例如,在餐厅中显示客人餐桌的位置以及服务员交接订单的位置。 制作图表和照片的海报,附上关于物理布局及其造成的任何问题或障碍的笔记。将它们张贴到你的设计工作室。

由于物理模型显示了人员和物体在此工作空间布局图中的位置和移动路径,所以可用于评估与任务相关的设备和工件的邻近度,以及由于共享工作空间中的角色之间的距离、尴尬的布局和物理干扰而导致的任务障碍。

示例: 朋友如何利用物理模型来帮助房屋的设计

例如,在设计房屋时,一个朋友用物理模型建立了一个工作流程模型,发现针对"洗衣服"这一任务,美国传统的将洗衣机和烘干机放在地下室的习惯导致了非常差的任务邻近关联率 (proximity-to-task-association ratio)。扩大衣帽间,并将洗衣机和烘干机放到那里后,关联率就大幅提高了。

类似地,新鲜蔬菜从汽车到厨房的流动导致要将车库从地下室移动生活楼层 (借助陡峭的坡度)。在这两种情况下,这些变化都使物理模型的元素更接近它们在设计中的使用位置。

对物理模型中蔬菜流动的进一步观察,可以得到厨房工作台的一个更有效的设计。它应该是一个共享的食物准备和烹饪区,在蔬菜水槽清洗后,流向切菜台,再流向明亮灯光和通风罩下的煸炒区。

9.9.1　适时包含硬件设计

对于某些项目，尤其在商业产品视角下的哪些，硬件设备关系重大。例如，如果要设计的是一款新的智能手机，就需要考虑工业设计、材料、生产问题、发热和其他物理问题，例如对设备中任何无线天线的干扰、温度容差和对天气的适应。再以 TKS 为例，硬件问题可能包括选择售票机位置、售票机内内置的打印机以及对破坏和盗窃的敏感性。售票机本身的设计需要工业设计技能。

9.9.2　适时包含环境因素

创建物理模型时，还要考虑可能影响工作活动的工作场所的所有物理特征，并将其添加为笔记。例如，钢厂的地板要考虑安全、噪音、灰尘和高温——在这些条件下很难思考或工作。车间里使用的带终端的系统意味着环境肮脏，没地方放手册或蓝图。这可能导致设计中使用音频成为一个问题，需要更突出的视觉设计元素来发出警告，例如闪烁的灯。

示例：MUTTS 的物理模型

图 9.14 展示了 MUTTS 的物理模型。工作流程的中心是售票柜台，最多包含三台活动的售票终端。售票员后面的墙上是信用卡和 MU 护照 (MU Passport) 的刷卡台。这个中央售票区两侧是经理和助理经理的行政办公室。

此图未显示的障碍包括阻止购票者排队的障碍：在高峰时间，顾客可能不得不在售票窗口外排长队。经理办公室的扫描仪，用于将海报或网站内容广告等图形材料数字化，存在使用障碍：速度很慢，而且位置不方便所有人共享。

出票打印机也可能为工作流程带来了障碍。由于它们是出票的专用打印机，若打印机出现故障或纸张 / 墨水耗尽，员工不能随便更换打印机。他们只能等技术人员前来维修；或者更糟，需要自己送修。

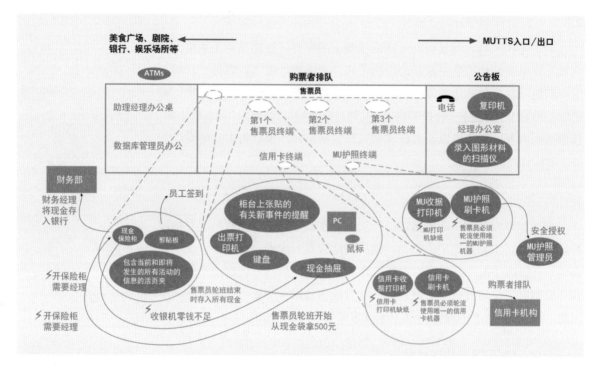

图 9.14
MUTTS 的物理模型

9.10   信息架构模型

信息架构
information
architecture

为了组织、存储、检索、
显示、操作和共享信息
而设计的结构。信息
架构还包括对标签、搜
索和导航信息进行设计
(12.4.3 节)。

如果用户需要访问、存储、显示和操作的数据 / 信息很复杂，可考虑用信息架构模型 (information architecture model) 来表示。作为工作的一部分，用户会使用和交互哪些信息？这些信息是如何构造的？

信息架构从产品视角看通常很简单，但从企业系统的视角看可能很复杂。例如，对一个项目，如果数据库是工作流程的核心，而且 / 或者数据定义和数据关系是理解工作的关键，那么信息架构可能相当复杂，应及早理解。

在使用研究分析中，如果遇到和工作实践所涉及的任何系统数据或信息的结构相关的基本数据笔记，请将其合并到信息架构模型中。例如在"联系人"应用程序中，对个人联系信息进行表示的字段和数据类型，包括姓名、地址和电话号码等。

TKS 是以活动和票据等数据对象为中心的系统的一个很好的例子。简单的信息结构可表示为信息对象及其属性的一个列表。这些属性包括活动名称、活动类型和活动描述等。

表示更复杂结构 (例如病历) 的方法涉及数据库模式 (database schema)

和实体关系图 (ER 图)。数据库模式可能很大，它将使用和设计联系在一起，是线框中的信息显示和数据字段布局的基础。

还要确定必须具有普适性的信息。所谓普适信息，是指在更大的生态中，在用户和设备之间共享的信息 (第 16 章)。普适信息在多种不同的工作环境中必须具有一致的外观和可访问性。

示例：信息架构建模

下面来考虑 MUTTS 数据库中和活动相关的信息。 一条常规的活动记录可能具有如下属性：

- 活动名称
- 活动类型
- 活动描述
- 活动发生的日期范围
- 门票费用：
  - 座位类型和费用
  - 当前预订状态
- 场馆：
  - 地点
  - 容量
- 前往场地的路线
- 视频预告片
- 照片
- 评论

假定必须对每个购票者进行注册，尤其是他们用信用卡付款的时候。购票者可能具有以下属性：

- 姓名
- 地址
- 电子邮件地址
- 电话号码

活动和购票者之间也可能存在关系，包括以下属性：

- 预订日期
- 座位号
- 支票的票费

9.11　社会模型

我们的社会模型 (social model) 基于 Beyer and Holtzblatt(1988) 的文化模型。在实践中，社会模型是最不常用的模型，尤其对敏捷环境而言。仅当涉及工作实践的人员之间的社会和文化交互非常复杂，而且 / 或者有问题时才需要。

社会模型可能难以制作，因为在数据抽取期间，用户很少主动提供所需的信息。社会模型图 (social model diagram) 可能难以理解，因为图中的弧线和标签过于繁琐而且详细；再加上，所有这些结构都并非必须。运用社会模型来明确 UX 设计可能很困难，因为社会问题的技术设计解决方案可能难以把握。本书加入这种模型主要是为了内容的完整性。

9.11.1　社会模型捕捉共享工作场所的文化

社会模型将用户工作场所那些属于公共的那些方面捕捉为社会环境，并注明它们对工作环境中的工作方式的影响。例如，员工遇到的问题通常和以下方面相关：

- 工作角色
- 目标
- 如何在工作领域完成工作
- 其他员工

9.11.2　社会模型的简化方法

本书第 1 版解释了一种详细而复杂的方法，用加了标注的节点和弧线来制作社会模型。教师和学生反映该模型的教和学都十分困难。来自 UX 专家的反馈帮助我们意识到，该领域几乎没人会花时间和精力在实际的项目中制作如此复杂的模型。

所以，对于那些想要或需要制作社会模型的人，我们尝试对其进行简化，只反映其中最重要的方面。最终，只需使用一些结构化的文字说明，而不需要再画图。稍后会列举 MUTTS 社会模型的一个例子。

9.11.3　确定活动实体

社会模型中的活动实体包括所有用户工作角色，并可包括任何参与、影响或受工作实践影响的非个人代理或力量，无论它们在直接工作环境的内部还是外部。

除了客户组织内部的工作角色和实体，还有一些外部角色需要与工作角色交互，其中包括外部供应商、客户、监管机构、"政府""市场"或"竞争对手"。

示例：TKS 的社会模型实体列表

我们的 MUTTS 社会模型示例从角色开始。我们将售票员和购票者确定为主要角色，表示为最高级别的列表项。工作氛围和工作领域 (ambience and work domain) 几乎肯定作为非人实体 (nonhuman entity) 包括进来。TKS 的行政主管 (administrative supervisor)、数据库管理员 (database administrator) 和办公室经理 (office manager) 也显示在此列表中：

- 售票员
- 购票者
- 环境
- 工作领域
- 行政主管
- 数据库管理员
- 办公室经理

9.11.4　确定各种问题、压力、担忧和关注

社会模型所描述的问题分为以下几类：

- 关注和担忧
- 施加或感受到的影响
- 工作压力
- 影响工作表现的问题

更具体的例子还有下面这些：

- 对工作场所的整体观感
- 组织理念和文化
- 工作场所的氛围和环境因素
- 员工的职业和个人目标
- 政治结构和现实
- 工作环境中存在的思维过程、心态、政策、感受、态度和术语
- 法律要求和规定
- 组织政策
- 颠覆活动

个人和职业交互作用的影响。不同工作角色的人可以在个人和专业层面影响其他工作角色的人。例如，该模型可能反映了老生常谈的、存在于人或角色之间的摩擦和敌意。

权力影响。大多数组织都存在多种权力。员工可基于官方职位"指手划脚"。另外，主动担任领导角色的人可以施加权力。影响还来自一个人的工作角色所施加的力量或权威。开会时，所有人最爱听谁的？遇到困难局面时，最后是谁完成工作，即使这意味要以超越常规的方式完成？

工作场所的氛围。工作氛围对用户有心理影响。例如，有时会遇到员工认为"有毒"的工作环境。不加以解决，这种社会环境会导致员工倦怠、叛逆和其他适得其反的行为。

示例：医生办公室

可将医生办公室想象成对员工来说压力很大的一个环境。总体情绪或工作氛围很匆忙，经常超额预约，落后于进度。急诊和门诊增加了本来就很重的工作量。接待员面临着正确、有效且无错误地进行预约的压力。每个人都感受到对错误的持续恐惧以及由此产生的诉讼的可能性。员工迫不及待等待工作日结束，这样他们就可以逃回到相对宁静的家（或本地酒吧）。

职业目标与个人目标。两个不同的角色可能基于不同的目标看待同一任务。例如，经理可能关心每一笔交易的文档的完整性，而负责汇总文档的人可能想最小化自己的工作量。如果在分析中没有捕捉到这个次要用户目标，就可能错过在设计中简化该任务的机会，并且这两个目标可能仍然存在冲突。

层级之间的颠覆。一定要在社会模型中包含人们如何以消极的方式看待和应对自己的不满。同事间进行颠覆协调的中心是饮水机还是休息室？颠覆或消极反抗行为是对权力和权威的常见回答吗？"吹哨人"心态有多强？组织的成长是否依赖"游击活动"的文化？

9.11.5 为社会模型列表添加关注和影响

在使用研究分析中，如果遇到和工作场所中的社会关注相关的基本数据笔记，请将其合并到不断演变的社会模型中。将相应的活动实体加入列表，在每个实体下缩进，添加任何相关的关注和问题。

示例：MUTTS 的社会模型

下面是 MUTTS 社会模型的一个摘录。

- 购票者：
  - 感到压力：
    - ★ 排队的人快点买票走人。
    - ★ 热门活动想获得好座位。
  - 担忧：
    - ★ 系统能否正确完成交易。
    - ★ 如果换成一台售票机，我非常喜欢的真人服务就没了。
    - ★ 系统出错，钱票两空。
    - ★ 由于售出不退政策，我的钱要不回来了。
  - 遇到以下形式的工作障碍：
    - ★ 公共场所的噪音和干扰会影响思考和决策。
    - ★ 无法提前看到所有选择。
- 售票员：
  - 感到压力：
    - ★ 用户对售出不退政策的反对。
    - ★ 要取悦客户。
    - ★ 高峰期意味着更快的节奏和更艰苦的工作。
  - 担忧：
    - ★ 对服务的投诉可能影响业绩考评。
  - 受以下外部影响：
    - ★ 行政主管，偶尔出现并造成压力。
    - ★ 行政主管，不熟悉日常运作，可以强加不切实际的期望。
- 行政主管：
  - 担心没有产生足够的收入。
  - 想通过其他商品销售增加收入，包括糖果、口香糖和阿司匹林，以一些纪念品、T恤、帽子和条幅。
- 数据库管理员：
  - 压力：
    - ★ 保持数据完整性。
    - ★ 保持系统正常和连续运行。
  - 遇到以下形式的工作障碍：
    - ★ 活动经理的电话不断响起，让人难以集中注意力，尤其是在出现问题的时候。

练习 9.8：产品或系统的社会模型

目标：练习制作社会模型。

活动：确定活动实体 (例如工作角色)，用项目列表显示。包括：

- 和工作角色交互的角色和外部角色的组和子组。
- 和系统相关的角色，例如中央数据库。
- 工作场所氛围及其压力和影响。

接下来确定以下各项：

- 增大项目列表的缩进量，列出关注点和观点。
- 社会关系，例如实体之间的影响，在相应的实体下表示为下一级缩进项。
- 实体关系中存在的障碍或潜在障碍，表示为红色闪电 (⚡)。

交付物：为系统提供尽可能详细的社会模型。

时间安排：约 2 个小时。

练习 9.9：针对智能手机使用的社会模型

为你和你的朋友使用 iPhone 等智能手机绘制带注释的社会模型。请自由发挥。

9.12　混合模型

虽然为了清楚起见，我们是分别描述每个使用研究数据模型，但在实践中，模型通常会合并以提高效率。例如，由于流程模型至少包括主要用户工作角色，所以不一定需要单独的用户工作角色模型。可以只用用户工作角色名称标记一下流程模型中的用户工作角色节点，并用用户类别特征对其进行注释。以后甚至可用相应的画像来标注流程模型节点。

建模的目标是针对设计情况表示一个或多个关于工作领域的有用的视角。每个模型的纯度并不是目标。尽一切努力捕捉你对工作领域的了解。例如，如工作实践以一个物理空间 (比如售票处) 为中心，就将物理模型和流程模型合并为一个混合模型。

9.13　模型整合

在大型项目中，如果由多个并行工作的子团队构建模型，最后将获得多个相同类型的模型。在这种情况下，最后需要将模型的多个版本整合为一个。核心思路是归纳概括。换言之,这是从重要数据构建常规模型的一个自下而上的过程。

例如,先把现有工作实践中的任务步骤的单一用户故事表示出来。然后,合并从几个用户的数据创建的同一任务的描述,排除它们在细节上的差异。结果是对交互的一个更抽象或更常规的表示,反映了大多数(或所有)用户如何执行任务。

若流程建模由不同的子团队完成,每个模型都可能不同。同一工作角色可能以不同的方式建模,从而生成不同的工作角色描述和工作角色名称。由于这些不同版本的流程模型针对的是同一个工作流程,所以可将其整合为一个。

示例: MUTTS 的流程模型整合

图 9.15、图 9.16 和图 9.17 分别展示了一部分流程模型,由观察和采访组织和工作实践的不同人员的小组构建。然后回头看看图 9.4,理解整个流程模型的三个部分是如何整合到一起的。

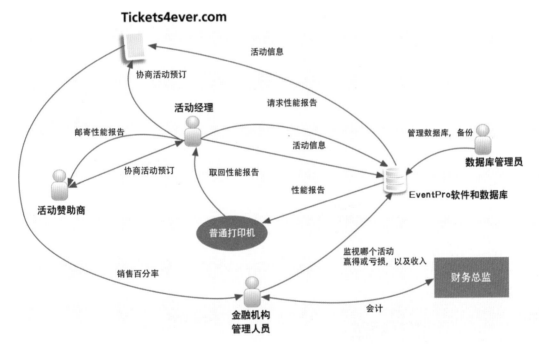

图 9.15
由观察和采访活动经理、活动赞助商、财务总监和数据库管理员的小组创建的流程模型

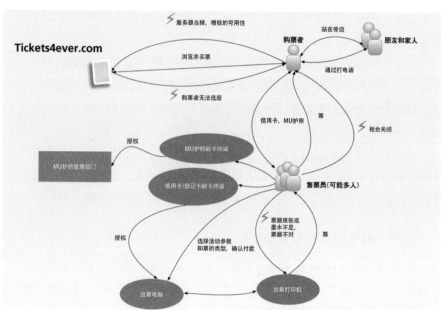

图 9.16
由观察和采访购票者和售票
员的小组创建的流程模型

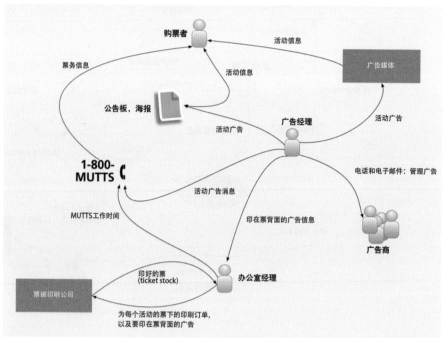

图 9.17
由观察和采访办公室经理、
广告经理和外部广告商的
小组创建的流程模型

9.14　小结

9.14.1　所有模型都存在的障碍

许多模型从不同的角度讲述了部分故事，但没有一个模型突出了在使用研究数据抽取和分析过程中发现的所有障碍。另一方面，最直接影响新系统设计思路的就是工作实践和用户表现方面的障碍。所以，从模型中提取与障碍相关的信息，并在一个地方总结这些障碍，会为我们提供很大的帮助。

关于使用的障碍特别重要，因其指出了用户在工作实践中遇到的困难。任何阻碍用户活动，中断工作流程或通信，或者干扰工作职责履行的东西都是工作实践的障碍。由于这些障碍也代表了在设计中进行改进的关键机会，所以可考虑将它们全部收集到一个障碍总结中。

9.14.2　在 UX 设计工作室张贴数据模型

作为在设计工作室"沉浸"的一部分，将你的模型张贴在草图和海报中的显眼位置。对工件进行整理，使其显得井井有条。

在 UX 设计工作室张贴时注意以下事项。

- 在早期阶段，最好在白板上画图表，以便随时讨论和更新。
- 稍后，可以将这些图表转换为印刷精美的海报，贴到墙上。
- 在中央工作台上将工件整理得井井有条。
- 在任何现实规模的项目中，某个时间点会出现张贴空间不足的情况，所以要做到以下几点。
  - 断舍离；裁掉一些较不重要的东西。
  - 张贴在整个项目中都很重要的工件和图表。
  - 不常使用的图表、图片和草图可以保存到你的笔记本电脑中，需要时通过投影仪显示。

此外，较大数量的共享信息可保存为共享文件（例如放到百度网盘 Dropbox 或谷歌云端硬盘等网盘）。

停用随着时间的推移有用性降低的张贴物。

记住，张贴的任何东西都要即时更新。

转向设计时，几乎所有早期张贴物都要让位于带注释的线框草图，后者成为沟通的语言。

还可利用张贴的线框图和利益相关方一起进行设计演练。

第 10 章

UX 设计需求：用户故事和需求

本章重点

- UX 设计中"需求"的概念
- 将用户故事作为表达 UX 设计需求的一种敏捷方式
- UX 设计需求在少数情况下才需要
- 和用户与利益相关说话一起验证用户故事和需求

10.1 导言

10.1.1 当前位置

在每章的开头，都会以"当前位置"(You Are Here) 为题，介绍本章在"UX 轮"(The Wheel) 这个总体 UX 设计生命周期模板背景下的主题 (图 10.1)。在"理解需求"生命周期活动中，本章讲的是"用户故事和 UX 需求"细分活动，即理顺你在使用研究过程中发现的 UX 设计需求。

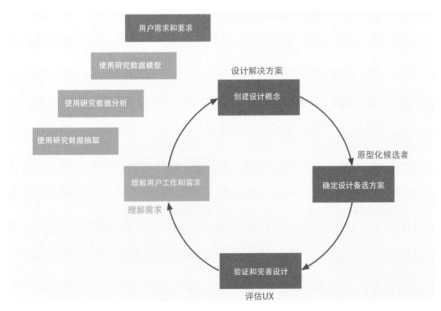

图 10.1
当前位置："理解需求"生命周期活动的"用户故事和 UX 需求"细分活动。整个轮对应的是总体的生命周期过程

10.1.2　用户故事和需求关乎的是理顺对 UX 设计的期待

使用研究 (全部第 II 部分) 的重点是发现和了解对 UX 设计的期待和需求 (want and need)。用户故事和需求 (本章) 的重点是理顺这些期待和需求，以作为目标产品或系统的设计输入。有多种方法可以表达这些设计要求 (design need)，包括用例、用户故事和需求 (requirement)*。本章强调后两者。

* 译注

requirement 是指用户对设计师 / 开发人员提出的"要求"，例如"应该提供这个"。而 need 才是最终真正的需要(需求)。本书中文版未严格区分两者的翻译，一般都表述为"需求"。但在必须区分的场合，我们会采用中英文对照的形式。

10.1.3　用户故事概述

用户故事 (user story) 是捕捉"要设计什么"的一种敏捷方式。用户故事的特点如下。

- 涉及用户输入。
- 从使用的角度陈述。
- 从客户的角度陈述。
- 率先从敏捷倡议者中流行开。
- 现已成为事实上的行业标准。
- 专注于向用户提供大量有意义的功能块。

还有其他方法可从这些角度陈述设计需求，但用户故事最流行。

10.1.4　需求概述

瀑布式生命周期过程
waterfall lifecycle process

最早的正式软件工程生命周期过程之一，是生命周期活动的一个有序线性序列，每个活动都像瀑布的一个层级一样流向下一个活动 (4.2 节)。

如 4.2 节所述，过去当瀑布过程很普遍时，传统做法是在称为"需求" (requirement) 的正式说明中将系统中需要的内容固定下来。这些需求就成了系统应该支持的特性。有一种以系统为中心的味道。

如今很少再使用正式需求。而且一旦使用，通常是从软件工程 (SE) 方面考虑，那里有一个巨大的、和"需求"有关的分支学科。

10.1.5　选择自己需要的方式

本章主要分为两个部分：一个是用户故事，一个是需求。根据你的设计情况选一个。如果因为在系统复杂性空间的"复杂交互"和"复杂工作领域"象限中工作，所以需要使用严格的全范围方法，或者如果有合同义务要求这样做，请选"正式需求"。否则请选"用户故事"，尤其是在使用敏捷过程的情况下。

10.1.6　UX 世界中的需求

UX 世界中的需求不同于软件工程中的需求。

1. 需求是设计的目标而非约束

过去，需求是不可动摇和绝对的。"你应该提供这些特性和功能，你应该按照我们说的做。" 这种对需求的独裁观点在设计解决方案中没有留下任何创造力的空间，也没有灵活性来适应不可避免的变化。

但如今的 UX 全都放在设计上 (Kolko, 2015b)；我们对设计的重视高于需求。我们有时甚至不考虑需求，而是考虑伟大的产品"需要远见卓识、毅力和在感觉不可能的情况下让人感到惊喜 (Kolko, 2015b, p. 22)。"

在如今的敏捷环境中，我们喜欢将需求 (尤其是 UX 设计需求) 视为设计目标，而不是视为约束，我们可以自由解释设计应如何实现这些目标 (Kolko, 2015b)。

2. UX 需求对比作为 SE 需求的 UX 设计原型

在某种程度上，UX 和 SE(软件工程) 共享需求，因为 UX 和 SE 都参与最终结果：交付的系统。但是，UX 人员也有自己的设计需求 (图 10.2 的最左边)。在图的右边，SE 人员负责实现一切，所以他们有针对下面两个部分的需求。

1. UX 部件。

2. 功能部件。

SE 人员多年来已经有了自己的一套方法，能从关于一项特性的用户故事中解读出功能或后端需求。这些功能需求是为了支持在 UX 一侧设计的任务、导航等。实际上，UX 原型 (一般是线框原型) 是将 UX 部分的需求传达给实现人员的工具 (图 10.2 中间)。

系统复杂性空间
system complexity space

由交互复杂性和领域复杂性维度定义的二维空间，描述了具有不同风险程度的一系列系统和产品类型，以及对生命周期活动和方法严格性的需求 (3.2.2.1 节)。

(交付) 范围
scope (of delivery)

描述在每个迭代或冲刺阶段，目标系统或产品如何进行"分块"(分成多大的块)，以便交付给客户和用户以获得反馈，以及交付给软件工程团队以进行敏捷实现 (3.3 节)。

线框原型
wireframe prototype

由线框组成的原型，是 UX 设计 (尤其是屏幕交互设计) 的线条画 (line-drawing) 形式 (20.4 节)。

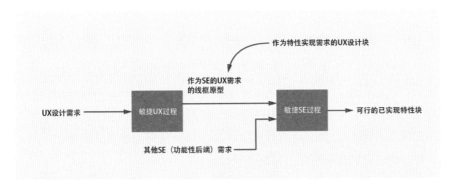

图 10.2
UX 设计需求和作为 UX 设计表示的、用于 SE 需求的 UX 原型之间的关系

3. UX 设计需求的软件和功能暗示

由于 UX 和 SE 的需求密切相关，所以本活动是在 UX、SE 和你的客户之间进行协调的好时机。事实上，现在要有一点前瞻性，确保 SE 团队了解他们一侧由 UX 一侧的任务需求反映出来的功能需求。

10.1.7   正式需求越来越不流行

几十年来，正式需求和需求工程 (Young, 2001) 一直是软件工程的主要组成部分，正式的书面需求文档必不可少。

但如今即使在 SE 世界中，需求规范的重要性也在逐渐减弱，这主要是由于它们实际上并不怎么奏效 (Beck & Andres, 2004)。人们越来越认识到下面几点。

- 详细的正式需求不可能完整。
- 详细的正式需求不可能 100% 正确。
- 在整个生命周期中，详细的正式需求不可避免会变化。

但在 UX 和 SE 中，我们仍需某种形式的设计需求，这就是用户故事的作用。

10.2   用户故事

如今，在后期漏斗敏捷开发中，用户故事是 UX 设计和 SE 实现需求事实上采用的方法。在使用研究分析中，你已收集了与用户故事和需求相关的所有基本数据笔记 (8.4 节)。现在是时候把它们转换成真正的用户故事和/或 UX 设计需求了。理顺用户体验设计需求可被视为"理解需求"生命周期活动的最后一步。

10.2.1   用户故事的真相

1. 原本并不鼓励向用户询问他们想要什么

用户故事一个更严重的问题始于定义，它称为用户对想要的特性或功能的声明。但原始的情景调查 (使用研究) 理论 (Beyer & Holtzblatt, 1998) 基于的是由 UX 分析师判断用户需要什么来支持他们的工作。最初纯粹的情景调查并不关心用户说他们想要什么，因为他们不是受过训练的 UX 设计师，得由我们来确定用户到底需要什么。

2. 如何从用户故事了解完整需求?

即使能以用户故事的形式从用户那里获得好的 UX 需求，用户也不太可能向我们展示一套完整需求。所以必须得出这样的结论：并非所有用户故事都来自于用户。我们从用户那里得到我们所能得到的，但要指望完整。作为 UX 研究分析师，还必须自己写额外的用户故事来补全。

3. 整理用户故事

UX 从业者必须编辑现有用户故事，以使其在我们的过程中有效。这意味着，通常必须修改用户所说的内容，使其更准确、更通用、更完整和更合理，以至于它们通常最终根本不是用户所说的。所以，出于实际，该领域的人已习惯将用户对功能的需求写成用户故事，好像用户原本就是这么表达的，使整个集合具有统一的格式。

无论是谁写的，用户故事都要捕捉一个需求，而且能将需求自然地划分为多个小范围内的项目 (items of small scope)。

10.2.2　什么是用户故事

用户故事简短描述了特定担任工作角色的用户需要的一个特性或功能，以及为什么需要，用作敏捷 UX 设计的"需求"。

用户故事源于使用研究数据，它们可能基于用户在使用现有产品或系统时遇到的问题，或者可能反映了对新设计中的新功能的需求。现在，你需要再次拿起和用户故事相关的工作活动笔记，将其作为输入来编写用户故事。

实际上，用户故事描述了现有产品或系统的日常使用情况或者想要的功能。用户故事是一种小范围的需求 (3.3 节)。Gothelf and Seiden (2016) 将用户故事定义为从用户角度描述的"对最终用户有好处的最小工作单元"，即最简可行产品 (Minimum Viable Product，MVP)。

所以，用户故事描述了具有特定利益的一个特定用户工作角色所需的一个功能。按照该定义，用户故事往往是小范围和原子的。由于规模和范围很小，所以有人说一张 300×500 的卡片就应该能写下一个用户故事。

10.2.3　团队选择

召集一个多视角团队，根据基本数据笔记输入来编写用户故事。当然，

(交付) 范围
scope (of delivery)

描述在每个迭代或冲刺阶段，目标系统或产品如何进行"分块"(分成多大的块)，以便交付给客户和用户以获得反馈，以及交付给软件工程团队以进行敏捷实现(3.3 节)。

工作活动笔记
work activity note

简明扼要和基本 (仅和一个概念、想法、事实或主题相关) 的一个陈述，记录从原始使用研究数据中合成的有关工作实践的一个点 (8.1.2 节)。

UX 设计师的观点应得到很好的体现，客户和用户的观点也应如此。

10.2.4　写用户故事

在我们的术语中，这转化为对单一用户需求的简短描述。它从给定用户工作角色的角度，使用以下格式来陈述：

作为 < 相关用户工作角色 >，
我希望 < 产品或系统日常使用所需的小范围功能 >，
这样 < 原因，此功能将提供的附加值 >。

示例：TKS 的用户故事

考虑以下原始数据笔记：

我认为体育赛事是社交活动，所以我喜欢和朋友一起去。问题是我们经常要坐在不同的地方，所以没有那么有趣。能坐到一起就更好了。

这是一个典型的原始数据笔记。有点乱，不太简洁，所以必须稍微改动一下，提炼出相应用户故事的精髓：

作为学生购票者，我希望提供一个允许几个座位挨在一起的 MU 篮球票购买选项，这样我就能和朋友坐到一起了。

这绝对是用户想要的一个小范围功能，即在选座时多提供一个功能来作为购票任务的一个参数。

下面是另一个原始数据笔记：

有时我想找和我个人兴趣相关的活动。例如，我非常喜欢滑冰，想看看附近地区有哪些娱乐活动以滑冰为特色。

这显得非常具体，但可以为用户故事演绎出一个更常规的版本：

作为购票者，我希望能按活动类型或描述性关键字搜索活动，这样我就能找到我喜欢的娱乐类型。

以下是另一个原始数据笔记：

我偶尔觉得看别人推荐的类似活动很方便，就像在亚马逊购物那样，会向你推荐买了一个产品的人还买了其他什么产品。

这可以成为对一个特性进行描述的用户故事：

作为购票者，我希望能看到与我发现和喜欢的活动类似的活动的推荐，这样就不会错过我可能喜欢的其他活动。

这个作为 UX 需求的用户故事有一个内置的、隐含的后端系统需求，即在交易会话期间，售票机系统 (TKS) 软件必须跟踪购票者做出的选择的种类，以及购买了此商品的其他购票者曾经的选择。Amazon 的类似功能即是这一特性的设计模型。

10.2.5　用户故事中的外推需求：一般化使用研究数据

原始数据笔记中的用户陈述可能相当狭窄和具体。有时需要从这些陈述中外推出更有用和更一般的情况。

例如，假定使用 MUTTS 的购票者在表达对一台售票机的期待的时候，表示希望根据预设的条件来搜索自己想要的活动，但未提及可以浏览活动来查看所有可能的选择。在这种情况下，可以写一个外推的需求，将"浏览活动"这一明显的需求也包括在内，将其作为对先前关于能甚于关键字搜索活动的用户故事的外推：

作为购票者，我希望能按活动类别、描述、地点、时间、评分和价格来浏览活动，这样我就能找到符合条件的活动。

作为另一个例子，在某个原始数据笔记中，购票者说：

我真的希望能发布一张 MU 球票，和体育场内另一个位置的票进行交换，以便和我的朋友坐到一起。

在外推的用户故事中，我们将其延伸如下：

作为购票者，我希望能发布、检查状态并交换学生票，这样就能更改我订的票，换成能和我朋友坐到一起的座位。

该用户故事暗示着针对某种客户账户的系统需求，他们也许能用自己的 MU 护照 ID 来登录。

示例：作为 TKS UX 设计需求的用户故事输入

以下是一些关于 TKS"购票者"工作角色的基本数据笔记的例子，它们正要变成用户故事。同时列出的还有它们的一级和二级结构标题。因篇幅有限,这里无法一一列出为 TKS 编写的大量用户故事,但这些足以使你有一个基本印象。

交易流程

特性的存在

我希望能暂停、保存并稍后恢复购票交易。

对系统的意味:需要账户,包括支持登入和登出等。

购物车问题

购物车的可访问性

我希望能在任何时候查看和修改购物车。

购物车的变通性

我希望能添加不同种类 / 类型的项目,例如,不同的活动、同一个活动的门票组合等。

注意:这相当重要,因其涉及如何使用多种类型的对象显示购物车内容。

交易流程

超时

我希望系统有一个超时特性,如果我在一段时间后没有任何操作,我的交易就会从屏幕上删除。这样可以保护我的隐私。

外推:应让购票者注意到超时的存在和状态,包括显示剩余时间的进度指示和即将超时的蜂鸣声。

外推:用户应该能重置超时,保持交易继续活跃。

外推:应自动保持交易活跃,任何用户操作都会触发重置。

直接退出

我希望能快速退出并重置到主屏幕。这样可以保留我的隐私。这样如果我必须突然离开 (比如赶公交),就可以在交易中途退出。

待考虑的推论:用户应该有一种方式能快速回到他们在直接退出之前查看的那件商品。

注意:也许用户下次会使用事件 ID 号直接访问。或者系统可以通过账户记住状态。

重回之前的步骤 (返回)

　　我希望能方便地返回之前的一个特定步骤。这样就不必多次点击返回中。

提醒交易进度

　　我希望能够使用"面包屑路径"跟踪整个交易的进度 (已完成的和剩下的)。这样我就能随时了解成功完成一次交易我还需要做什么。

用户提醒

　　我想每次交易结束后都提醒我取票和取回信用卡。这样可以防止我交易完成后忘记把东西取走。

结账

　　我想在付款前看到一个确认页面，上面准确显示了我购买的商品和总价。这样我才能放心下单。

10.2.6　组织用户故事集以便在 UX 设计中使用

　　在实际项目中，最终可能得到大量不同的用户故事。需要一种方法对其进行组织。我们通过一种设计亲和性来组织用户故事，即按相关特性或相关任务的集合对用户故事进行分组。由于 UX 用户故事讲的是用户想要的功能的故事，所以与用户任务密切相关，可采用类似于层次化任务清单 (Hierarchical Task Inventory，HTI) 的结构来组织它们。这使我们能把相关的特性放到一起考虑。例如，在考虑按地点浏览或者按活动类型搜索时，应同时考虑"按活动类型浏览"的任务。

　　围绕 HTI 进行组织还方便管理用户故事集合，并帮助我们保持集合的完整性。这种对 HTI 的依赖是我们需要漏斗模型早期部分的一个重要原因。

　　考虑一个类似于 HTI 的用户故事结构，单独的用户故事在最低一级。在结构中具有相同父节点的一组用户故事因为都是关于相同的用户任务，所以它们有机地关系到一起。具有相同祖父节点的用户故事将是一个更大的组，与更广泛的任务关联，以此类推。考虑用于 UX 设计的用户故事时，你通常选择的是与同一个父级关联的用户故事。但如果是一次大的冲刺，则可考虑和同一个祖父级关联的那些。

　　但请记住，用户故事这种层次化的、面向任务的配置仅适合用来组织，

层次化任务清单
Hierarchical Task Inventory，HTI

任务和子任务关系的一种层次结构表示，用于编目 (cataloguing) 和表示系统设计中必须支持的任务和子任务之间的层次关系 (9.6 节)。

早期漏斗
early funnel

供进行大范围活动的漏斗 (敏捷 UX 模型) 的一部分，通常在和软件工程同步之前用于概念设计 (4.4.4 节)。

冲刺
sprint

敏捷软件工程(SE)日程表中一个相对较短的时期(不超过一个月),要在这个时期实现"一个可用而且也许能发布的产品增量"。它是在敏捷 SE 环境中完成的工作单位,是与一个发布(给客户和/或用户)关联在一起的迭代(3.3 节、29.3.2 节和29.7.2 节)。

不适合用来排列它们在设计和开发时的优先级。后者请参考 10.2.7 节。

示例:与查找(浏览和搜索)事件相关的一组用户故事

图 10.3 展示了购票者工作角色的部分用户故事结构。左下方的框包含一组用户故事,它们与浏览和搜索以查找感兴趣的活动并买票的用户任务相关。以后随着针对每个框排列优先级并构建,这个框以后还可能容纳到相应 UX 设计线框的链接。

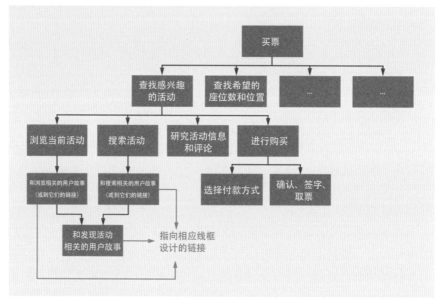

图 10.3
购票者工作角色部分用户故事结构

这个框可能包含和以下示例需求笔记(来自 8.7.7 节的例子)对应的用户故事。

搜索

83:我希望能按价格、艺术家、地点和/或日期搜索活动。

104:如果我要查找特定的乐队,我希望在谷歌风格的搜索框中输入乐队名称。

112:能搜索有趣的活动真是太好了,比如说,在离我当前位置的两个街区之内。

浏览

74:我希望能在售票机上浏览所有活动。

106：我希望能按不同的主题 (活动类型) 进行浏览。例如，如果是在大城市，即使是音乐，也会有不同的流派。

107：我希望能按地点进行浏览。

排序

75：我希望能按某种条件对结果进行排序。

可以很容易写出与之对应的用户故事：

搜索

用户故事 TKS 83：

作为购票者，我希望能按价格、艺术家、地点和 / 或日期搜索活动，因为我想在搜索时有最大的灵活性。

用户故事 TKS 104：

作为购票者，我希望能在一个谷歌风格的搜索框中输入乐队名称，因为我在搜索时不想受特殊格式的限制。

用户故事 TKS 112：

作为购票者，我希望能搜索一个地点附近的活动，因为这样能最大程度地发挥搜索的作用。

浏览

用户故事 TKS 74：

作为购票者，我希望能在售票机上浏览所有活动，因为有时直接搜索无法揭示出足够的上下文。

用户故事 TKS 106：

作为购票者，我希望能按不同的活动特征进行浏览，例如按音乐流派，因为这样就可以在只知道活动类型的前提下查找我喜欢的活动。

用户故事 TKS 107：

作为购票者，我希望能按地点浏览，因为这样就可以找到我幅近的活动，不必非要乘坐交通工具。

排序

用户故事 TKS 75：

> 作为购票者，我希望能按某种条件对结果进行排序，因为有时搜索结果太多，不排序会让人眼花缭乱。

10.2.7   为设计和开发排列用户故事的优先级

上一节按任务相关性来组织用户故事的集合以便对其进行管理。但这并不等同于排列设计和开发时的优先级。面向任务的结构只是一种组织方案，并不一定就是执行计划。这意味着我们并不打算在一次发布中一次性设计和开发完整的用户故事。

相反，优先级由面向业务的概念指导，即交付最小可行产品 (Minimum Viable Product，MVP) 版本。换言之，最初生产一些东西，无论多么有限，都可以立即部署并评估以从实际使用中获得反馈。例如，系统的第一个版本可能只有浏览功能而没有搜索功能，或者只接受信用卡而不接受其他支付形式 (例如 MU 护照卡)。这样的 MPV 是你快速获得用户反馈的方式，也是敏捷过程的基本出发点。

针对这种用户故事的优先级排序，Patton(2014) 使用了他称为"用户故事地图"(user story map，有本同名中文版图书) 的结构。对它的详细描述超出了本书的范围，具体请参考他的书。

设计期间，即使 UX 设计团队可能为每个用户故事都交付详细任务的设计，但它们很可能会被视为一个整体，因为它们之间的关系是如此密切。这正是 UX 不能总是像 SE 那样敏捷的原因。所以，在冲刺时的设计和实现之前，需要在早期漏斗中，通过层次化的结构 (如 HTI) 按任务相关性来组织用户故事。但在纯粹的敏捷环境中，UX 可能没有其他选择，只能被迫进行碎片化设计。

针对设计的优先级排列超出了本章的范围。参见第 29 章，进一步了解如何针对设计和实现来排列用户故事的优先级。

早期漏斗
early funnel

供进行大范围活动的漏斗 (敏捷 UX 模型) 的一部分，通常在和软件工程同步之前用于概念设计 (4.4.4 节)。

10.3   UX 设计需求

用户故事结构基本能满足和用户想要的功能相关的 UX 需求。很少情况需要更正式的需求，但在以下情况下，可考虑使用正式需求。

- 自己的过程中需要。
- 客户或客户坚持要看到一个需求文档。
- 正式的需求文档是合同所要求的交付物。

另外，如果必须为 UX 设计交付正式的需求，本节将解释具体如何做。

系统复杂性空间
system complexity
space

由交互复杂性和领域复杂性维度定义的二维空间，描述了具有不同风险程度的一系列系统和产品类型，以及对生命周期活动和方法严格性的需求 (3.2.2.1 节)。

10.3.1　正式程度可能变化

需求说明的形式可能因项目的要求而异。某些项目可能需要正式的设计需求，前提是这些项目具备以下特点。

- 在系统复杂性空间的高严格性象限中。
- 存在合规要求，必须满足特定的标准。
- 对规避风险有高要求。

对于不需要最大严格性的项目，一个简单的结构化列表就足以跟踪我们将要设计的系统功能。

10.3.2　团队选择

创建需求时，一个面比较广的团队较佳。选一个跨学科的团队，包括 UX 设计师、软件人员和客户代表。另外，可能还要包括系统架构师和经理。

10.3.3　需求结构会发展

编辑用作需求说明输入的基本数据笔记时，要将把它们组合成一个需求结构，按问题和特性来分级组织，就像 HTI 那样。此外，WAAD(工作活动亲和图) 中的许多类别都代表了设计需求。层次化的类别将根据需要发展，以适应每个新加入的元素数据笔记。

示例：初始 TKS 需求结构

下面展示了 TKS 的一个初始的需求结构：

- 个人隐私和信任问题。
- 工件模型中的项目 (例如打印的票、信用卡)。
- 物理环境模型中的项目 (例如，售票机的物理方面及其摆放地点)。

业务问题、决策：

- 品牌和外观。售票机地点。
- 信用卡使用。
- 现金交易。
- 打印票。

- 键盘与触摸屏。
- 支持的活动种类 (包括餐厅预订和交通票)。
- 帮助，客户支持。
- 客户账户和登录。
- 工件模型 (artifact model)

表示用户如何将关键有形物件 (物理或电子形式的工作实践工件) 作为其工作实践中流程的一部分来使用、操作和分享 (9.8 节)。

10.3.4　撰写需求说明

如后文所述，来自使用研究的大多数适用的基本数据笔记都很容易表达为需求。考虑每个笔记时做到以下几点。

- 问自己笔记反映了什么用户需求。
- 将其写成需求说明。
- 找到它在不断发展的需求结构中的位置。

10.3.5　需求说明和需求文档

图 10.4 展示了对我们有用的一个常规需求说明结构。需求文档本质上就是一组结构化的需求说明，它们的标题用两个或更多级别来组织。

结构中主要特性或类别的名称
第二级特性或类别的名称
依据 (如有用)：依据说明 (即提出该需求的理由)
注意 (可选)：对该需求的补充说明

图 10.4
需求说明的常规结构

这里只显示了两级标题，但可根据需要为你的需求使用任意多的级别。

并非数据笔记中的每个点都会产生需求 (need) 或要求 (requirement)。有的时候，一个笔记可能反映出多个需求 (need)。而单一的需求 (need) 也可能导致多个要求 (requirement)。稍后会给出数据笔记、用户需求 (need) 和相应要求 (requirement) 的例子。

示例：将 TKS 基本数据笔记写成需求说明

考虑 TKS 的以下使用研究数据笔记：

我担心交易的安全性和隐私。

对安全性和隐私的担忧是系统级的问题，所以该笔记直接导致一个高级设计需求说明：

应保护购票者交易的安全性和隐私。

注意，这一级的需求可能同时涉及 UX 和功能需求。

最后，它很容易找到自己在需求结构中的位置——前提是已经有一个针对个人隐私和信任问题的分类，如图 10.5 所示。

安全性

　　购票者交易的隐私

　　应保护购票者交易的安全性和隐私。

　　注意：在设计中，考虑利用超时特性在换下个客户时清理上个客户的屏幕。

图 10.5
示例需求说明

示例：概括数据笔记以便将 TKS 需求表达为需求说明

对于非常具体的基本数据笔记，可能要对其进行抽象 (提炼) 以表达一般需求。考虑以下数据笔记：

我一般会在开场前去现场买票，但特殊活动我会从网上买。另外，我一般必须在完全不同的地方的不同的售票机上买地铁票才能到达目的地。如果能在一台机器上买好所有这些票，想去一个活动的时候买一次票就可以了。

这意味着售票机要支持广泛的娱乐活动，要提供跟这些活动相关的各种各样的票，从而为用户带来"一站式"体验。所以，要扩展"活动内容"，除了包含原本的活动票，还要包含像餐厅预订和交通票这样的相关内容，如图 10.6 所示。

业务问题，决策

　　支持的活动和票的种类

　　应针对和娱乐活动相关的大范围需求提供票和预约功能

　　注意：除了包含活动票，还要包含交通票和餐厅预订。

图 10.6
示例需求说明

示例：一个可能出乎意料的 TKS 需求

数据笔记：

虽然营销人员可能想不到在售票处旁边放一台售票机，但对于那些去了售票处却发现人太多或已经关门的人来说，这会非常有帮助。

这个关于在售票处附近摆一台售票机的数据笔记可能揭示了一个意外的需求，因为平时可能根本没想到。图 10.7 展示了一个可能的需求说明。

业务问题，决策

售票机的地点

应在售票处旁边摆一台售票机。

注意：在售票处太忙或关闭时为用户提供服务。

图 10.7
示例需求说明

10.3.6　在需求笔记中要寻找的东西

在需求笔记中，我们需要关注四种类型的信息。

1. 留意情感影响需求以及增强总体用户体验的其他方法

写需求时，不要忘记我们是在为出色的用户体验而设计，此时也能发现一些机会。

带有用户关注、沮丧、兴奋和喜好的工作活动笔记提供了解决情感问题的机会。尤其要注意那些间接提及"乐趣"或"享受"的笔记，或者提到数据输入太无聊或者配色太无趣之类的笔记。这些中的任何一个都可能是提供更好用户体验的线索。此外，在这个阶段要保持开放的心态和创造力。即使某个笔记暗示技术上难以解决的一个需求，也要把它记录下来。以后可以重新研究这些笔记，评估其可行性和限制。

2. 关于缺失数据的问题

有时，在深入了解使用研究数据的含义时，会发现仍有一些问题需要解决。例如，以 MUTTS 的使用数据抽取为例，当我们整合会计系统对一天结束时汇总销售额的需求时，我们不得不面对这样一个事实，即现有业务要管理来自两个独立系统的票。一个来自本地售票处的销售，另一个来自全国连锁 Tickets4ever.com。在使用数据抽取和分析过程中，我们忽略了探索这两者之间的依赖关系和联系，以及它们如何协调两个系统之间的销售。

情感影响
emotional impact

用户体验的情感部分，影响用户的感受。这些情感包括快乐、愉悦、趣味、满意、美学、酷、参与和新颖，而且可能涉及更深层的情感因素，例如自我表达 (self-expression)、自我认同 (self-identity)、对世界做出了贡献以及主人翁的自豪感 (1.4.4 节)。

工作活动笔记
work activity note

简明扼要和基本 (仅和一个概念、想法、事实或主题相关) 的一个陈述，记录从原始使用研究数据中合成的有关工作实践的一个点 (8.1.2 节)。

3. 系统支持需求

有时会对用户体验或软件领域之外的问题提出一些系统需求。这些问题包括可扩展性、可靠性、安全性和通信带宽。我们采用和处理软件需求的输入相似的方式来处理它们。

示例：TKS 的系统支持需求

下面是来自 TKS WAAD 的几个例子：

工作活动笔记："身份盗窃和信用卡欺诈是我非常担忧的问题。"系统需求："系统应提供特定的功能来保护购票者免遭身份盗用和信用卡欺诈。"（这个"要求"是模糊的，但它实际只是便于我们联系系统人员以找出解决此问题的潜在方案。）

MUTTS 现有工作环境的另一个系统限制是必须保持安全信用卡服务器的持续运行。若售票处无法处理信用卡交易，基本上会使其业务陷于停顿。在向 TKS 过渡时，该限制变得更加重要，因为操作员不会在场，无法注意到或解决此类问题。

下面是 UX 需求如何引申出系统支持需求的另一个例子：

UX 需求："购票者应看到场馆的实时座位预览"。相应的系统需求："系统要联网，并由一个通用的数据库锁定和释放特定场馆在特定日期／时间的特定场次被选定的座位，并在售票机交易完成后更新票和座位的可用性。"

这是软件团队的成员和你的团队合作捕捉软件和系统需求输入的好时机。错过了这个机会，以后就有可能被遗忘。

4. 作为需求的限制

在现实世界的开发项目中，限制或约束——例如来自遗留系统、实现平台和系统架构的那些——也是一种需求。虽然，正如我们以前说过的那样，大部分 UX 设计可以而且应该独立于软件设计和实现的关注点来完成，但你的 UX 设计最终必须被视为软件需求和设计的输入。

所以，你和你的 UX 设计最后必须考虑到来自系统工程、硬件工程、软件工程、管理和营销的限制，例如开发成本和日程表以及产品的盈利能力（这还不是最起码的）。

这些限制会对产品产生什么制约呢？例如，如果产品用在便携或移动设备上，是否要考虑售票机的尺寸或重量？你的系统是否必须与现有或其他开发系统集成？是否存在强制要求提供某些特性的合规性问题？

遗留系统
legacy system

一种旧的过程、技术、计算机系统或应用程序，它早已过时，可能多年前就出现了维护难的问题 (3.2.4 节)。

示例：TKS 的物理硬件需求

考虑以下关于隐私的 TKS 例子：

工作活动笔记：" 我在买票的时候 (例如看一个有争议的政治人物的演讲)，我不想让排在我后面的人知道我在做什么。"

物理硬件要求：" 售票机的物理设计应保护购票者的隐私，防止其他人的窥视。"

以下是 TKS 可能预期的其他物理硬件需求：

- 售票机专用硬件。
- 坚固的 " 硬化 " 防破坏外壳。
- 所有硬件都要耐用和可靠。
- 触摸屏交互，无键盘。
- 网络通信可能要为效率和可靠性定制。
- 如果有票据打印机 (可能)，维护必须处于一个非常高的优先级；不能让任何客户付了钱却拿不到票 (例如，因为纸张或墨水耗尽)。
- 需要一个 " 热线 " 通信功能作为备份，客户在遇到这种状况时联系公司代表。

练习 10.1：你的产品或系统的限制

目标： 练习说明一些系统开发限制。

活动： 从你选择的产品或系统的上下文数据中提取和推导出开发和实现时的一些限制。

交付物： 和刚才展示的相似的一个小列表。

时间安排： 半小时足矣。

示例：TKS 的 UX 设计需求

下面列出 TKS 的一些示例 UX 需求及其一级和二级结构化标题。因篇幅有限，这里无法列出 TKS 的全部要求，但有了这些，足以使你有一个基本的印象。

用户账户

账户的存在
用户应能通过 Web 界面创建账户，并通过售票机访问 (可选，未来？)。

购物车

特性的存在

购票者要有一个购物车概念，可购买多件商品，只支付一次。

选座

特性的存在

购票者要有一个购物车概念，可购买多件商品，只支付一次，并能从各种价格分类的所有可用座位中选择。

隐含需求：显示活动场馆的座位布局。显示座位可用性并能按价格等筛选可用座位。

另一个重要的隐含需求：座位选择需要某种锁定和释放机制的存在，我们在需求结构中可能还没有这种机制。这是一项技术需求，可在交易完成或放弃之前为买家提供所选座位的临时拥有权。

用户结账

使用现金、信用卡

购票者应能使用现金、信用卡或借记卡支付。

注意：现金交易有几个缺点：现金面额难以识别，假币难以识别，找零可能存在问题，而且售票机中的现金会招来破坏者和小偷。

练习 10.2：为产品或系统写需求说明

按照本章的描述，为自己选择的产品或系统写一些正式的需求声明。

目标：练习提取需求。

活动：把 UX 团队集中到 UX 工作室并准备好以下材料。

■ 自己留出的作为需求说明输入的基本数据笔记

■ 产品或系统的 WAAD。

选两个人分别负责引导和记录。

针对基本数据笔记和 WAAD 进行一次演练。

针对 WAAD 中的每个工作活动笔记，作为一个团队来推断用户需求和支持这些需求的 UX 设计要求。

进行期间，按本章描述的格式让记录员捕获需求，包括适当的外推需求和依据说明。

为了加快速度，可考虑让每个人负责编写从 WAAD 结构的不同子树提取的需求说明。将任何需要额外思考或讨论的工作活动笔记放到一边，供整个团队在最后处理。

如时间允许，让整个团队阅读所有需求说明以确保达成一致。

交付物：一份需求文档，至少涵盖你系统的 WAAD 的一个子树。

此过程产生的各种"注意"和其他类型的信息的列表 (本节已讨论)。

时间安排：预计本练习至少需要 2 个小时。如时间不够，尽可能多地完成这个练习以获得一个基本的认识。

10.4   验证用户故事和需求

收集好用户故事，并用层次化的结构组织好之后，现在适合将它们带回给用户和其他利益相关方以确保其正确性。这也是协调 UX 和 SE 团队的好时机。

10.4.1   协调需求、术语和一致性

任务的许多 UX 需求意味着对后端软件工程的需求，反之亦然。两个团队都要朝相同的任务 / 功能集努力。这也是标准化术语和建立一致性的关键时刻。你的使用研究数据将充满有关使用和设计概念 / 问题的用户评论。自然地，他们不会对相同的概念使用完全一致的术语。软件工程和系统人员以及其他利益相关方也是如此。

例如，日历系统的用户可能会用"警报"、"提醒"、"警告"和"通知"来表示基本相同的概念。有时，术语上的差异也可能反映了使用上的细微差异。所以，有责任理顺这些差异，并采取行动来标准化术语，解决需求说明中一致性问题。

10.4.2   将用户故事和需求带回给客户和用户进行验证

用户故事和需求的结构化集合为你、客户 (client) 和用户 (user) 提供了一个透镜，可通过它在不同的抽象层次上考虑和讨论相关用户故事和需求的分组。这对你们来说都是重要的一个步骤，因其使你有机会在进入设计之前获得输入并纠正误解。它还有助于巩固你们的合作关系。

对于每个工作角色，安排与感兴趣的客户和用户代表开会做一次演练，他们最好是你之前采访过或以其他方式打过交道的那些人。带他们走查一遍需求，确定你对用户故事和需求的理解准确且完整。

10.4.3　解决因工作实践变化而造成的组织、社会和个人问题

将用户故事和需求交由客户验证时，最好利用这个机会解决可能因新设计中工作实践的变化而造成的组织、社会和个人问题。由于你归纳的需求反映了你打算放到设计中的内容，所以在你专门强调了这些内容后，客户和用户可能产生警醒，使你的团队能发现之前没有意识到的问题 (即使进行了全面的使用数据抽取，有的问题也是不容易发现的)。特别是假如你归纳的需求会在设计上改变工作环境、工作方式或员工的工作描述，就可能引发一些领地、恐惧和控制问题。

工作流程的变化可能挑战既定的职责和权限。可能存在一些法律要求或平台限制要求必须以某种方式做事，而不管效率或用户体验。组织、社会和个人问题可能给你的团队带来意外，因为团队成员在这个时候可能基本上都在考虑技术和 UX 设计方面的问题。

第 14 章讨论设计创建 (design creation) 时会讨论如何通过用户故事和需求来驱动设计。另外，请参考第 29 章 (关于 UX + SE)，了解当 UX 设计师和 SE 团队在敏捷冲刺期间就设计和实现的同步进行沟通时用户故事是如何成为重点的。

> **抽象**
> **abstraction**
>
> 剔除不相干细节，专注于基本构造，确定真正发生的事情，忽略其他一切的过程 (14.2.8.2 节)。

背景：理解需求

11.1　本章涉及参考资料

本章包含与第 II 部分其他各章相关的参考材料。不必通读，但每一节的主题在被其他各章提到时都应该读一下。

11.2　真实故事：一个老年人遇到的投票问题

在弗吉尼亚州西南部，远离市中心的某个地方，在基于计算机的触摸屏投票机首次普及时，我们听说不少选民在使用上遇到了困难。虽然当人们进入一个特定的投票区，即学校体育馆时，一位官员会进行一些说明，但这些说明并没有太大帮助。

排队的一个选民是一位视力不佳的老妇人，从她厚厚的眼镜就可以看出来。当她进入投票站时，可以想象她会将头靠在非常靠近屏幕的位置。即使字体相当大，看起来也很费劲。

这个时候，她开始主动提供一些用户反馈。在外面可以听到她的声音，她说自己区分不了颜色(屏幕用三原色显示：红色、绿色和蓝色)。外头一个人说，他觉得有一个选项能将屏幕设为黑白。但奇怪的是，如果真的如此，事前并没有任何人告诉那个女人。

　　然后，女人露出灿烂的笑容，宣布战胜了邪恶的机器。然后，她想要马上告诉大家应该如何改进设计。记住，这是一位可能对技术或用户体验一无所知的老妇人，但她很自然地愿意提供有价值的用户反馈。

　　很容易想象这样一个场景：投票过程的监督员迅速蜂拥而至，并及时记录下来，承诺将这一重要信息传达给可以影响下一个设计的上级。但正如大家可能已经猜到的那样，真实情况是她被敷衍了，现场根本没有人把它当一回事。

　　这个故事有几点需要注意。首先，这个反馈的内容非常丰富和详尽，对设计非常有用。只有在真实使用过程和真实使用场景中，才有可能获得这种程度的反馈

　　其次，这位女士代表一个特定年龄组的一种特定类型的用户，存在视力上的一些限制。她在描述自己的使用体验时也很自然，这在公共场合是很少见的。

　　那么，这和用户研究调查有什么关系？在这种真实环境中进行用户研究调查，找到丰富的用户数据或属偶然。但可以肯定的是，不进行用户研究调查，永远不可能获得此类特定情境中的使用情况 (situated usage)。

11.3　情境调查的历史

　　情境调查 (contextual inquiry)、情境设计和情境研究都是现在所说的使用研究 (usage research) 的早期术语。

11.3.1　活动理论的根源

　　首先，我们非常感谢那些开创、发展和推广情境设计概念和技术的人。早期的理论基础可追溯到"斯堪的纳维亚工作活动理论"(Scandinavian work activity theory)(Bjerknes, Ehn, & Kyng, 1987; Bødker, 1991; Ehn, 1988)。

　　上个世纪 80 年代中期，斯堪的纳维亚研究人员对"苏联心理活动理论"(Soviet psychological activity theory) 进行改编，形成了一个理论描述框架。本书所说的活动理论即是基于人机交互 (HCI) 对这一框架的抽象。

　　该理论的目标是将人 (people，即系统的用户) 理解为复杂的人类 (human being)，而不是理解为信息处理器或系统组件。人的行为受其社会和文化环境的影响。该理论的基础是了解是什么在促使人们采取行动。人类活动，

尤其是在与机器和系统交互的背景下，被视为社会行为 (social action)，要考虑人类操作人员 (human operator) 的个人特征和能力。

活动理论工作在斯堪的纳维亚进行了相当长的一段时间，与欧洲和英国的任务分析工作同时进行。

后来，许多会议和特刊都专门讨论了该主题 (Lantz & Gulliksen, 2003)，其中大部分针对的都是基于计算机的系统如何影响组织内的人类劳动 (human labor) 和民主 (democracy)。这种对人类工作活动的独特关注贯穿于情境调查和分析中。

11.3.2　民族志根源

情景调查的第二个基础是民族志 (ethnography)，这是一个植根于人类学的调查领域 (LeCompte & Preissle, 1993)。人类学家花费大量时间与特定人群或其他可能较聪明的动物一起生活并对其进行研究 (一般倾向于原始文化的社会环境)。目标是研究并记录其日常生活细节。

UX 中的 "理解需求" 生命周期活动源自民族志，这是人类学的一个分支，专注于对各种人类文化的研究和系统性描述。

随着设计越来越由环境中的工作实践来驱动，民族志那些快而糙 (quick and dirty) 的变化形式，连同其他解释学方法 (hermeneutic approaches，对感知现实进行解释的方法)(Carroll, Mack, & Kellogg, 1988)，都作为理解设计需求的定性工具被改编到 HCI 实践中。例如，随着需求抽取技术的发展，情景调查和情景分析就是对这些方法进行改编的例子。

人类学中定义了民族志的那些特征使民族志和 HCI(人机交互) 非常匹配。在人机交互中，这些特征在被研究的人群中自然而然地存在。民族志还涉及观察用户活动，倾听用户所说，提问，并和人讨论其所做的工作。民族志的基础就是基于上下文来理解特定的行为。

和具有文化、人类学和社会视角的 "纯" 人类学志的长期实地研究相反，"快而糙" 的民族志版本天生就适合 HCI。虽然与主体的接触时间明显变短，相应的分析深度也略嫌低，但这一版本仍需在主体自己的环境中观察他们，而且仍需注意主体在工作环境中的社会性 (Hughes, King, Rodden, & Andersen, 1995)。例如，Hughes, King, Rodden, and Andersen(1994) 描述了民族志在 "计算机支持协同工作" (computer-supported cooperative work，CSCW) 领域的应用，这是 HCI 的一个子领域。

Lewis, Mateas, Palmiter, and Lynch(1996) 描述了一种基于民族志的系统

需求和设计方法，该方法与本节描述的大部分情景调查过程相似。Rogers and Bellotti(1997) 描述了他们如何将民族志作为一种研究工具来执行实际需求分析和设计过程。Blythin, Rouncefield, and Hughes(1997) 解决了民族志从研究到商业系统开发的适应问题。

11.3.3　将情境研究纳入 HCI

HCI 情景设计的基础由 Digital Equipment Corporation(DEC) 的研究人员奠定 (Whiteside & Wixon, 1987; Wixon, 1995; Wixon, Holtzblatt, & Knox, 1990)。据报告，到 1988 年的时候，英美学术界和工业界的好几个团体已进行了早期的情景实地研究 (Good, 1989)，其中最值得注意的是 Andrew Monk 的著作。软件领域也开始出现类似的趋势 (Suchman, 1987)。过了将近十年后，Wixon and Ramey(1996) 制作了经过编辑的合集，更深入地报告了情境研究实际的实际应用。Whiteside, Bennett, and Holtzblatt(1988) 帮助将情境研究概念整合到 UX 过程中。

11.3.4　和参与式设计的联系

参与式设计 (participatory design) 是 UX 设计的民主过程，所有利益相关方 (例如，员工、合作伙伴、客户、市民、用户) 都积极参与进来，帮助确保结果满足其需要且可用。参与式设计基于这样的论点：用户应参与他们将要使用的设计，所有利益相关方——包括 (而且尤其是) 用户——都向 UX 设计提供平等的输入。[①]

情景调查和分析是过去几十年并行发展起来的一个协作和参与式方法集合的一部分。这些方法的共同点在于它们都直接涉及未接受过专业方法 (例如任务分析) 培训的用户。其中包括 Muller 及其同事开发的参与式设计以及对需求 / 设计的协作式分析 (Muller & Kuhn, 1993; Muller, Wildman, & White, 1993a, 1993b) 以及协作式用户任务分析 (Lafrenière, 1996)。

11.4　SSA 示范地区办事处：数据抽取环境的一个极端且成功的例子

上世纪 90 年代中期，我们与巴尔的摩的社会保障署 (Social Security Administration，SSA) 在可用性工程 (UX 当时的叫法) 生命周期培训方面进

---

① https://en.wikipedia.org/wiki/Participatory_design

行了广泛合作。我们和一个团队合作，率先将可用性工程技术引入"老派"的、面向瀑布的大型机软件开发环境。当时，大的社保系统正逐渐从大型机 (在巴尔的摩) 和终端 (在全国成千上万) 迁移到客户机 - 服务器应用程序，其中一些已开始在 PC 上运行，他们将可用性排在了一个高的优先级。团队领头人是西恩•韦勒 (Sean Wheeler)，是可用性领域的大拿，他得到了安奈特•碧昂丝 (Annette Bryce) 和帕特 • 斯杜斯 (Pat Stoos) 的大力支持。

　　该组织给我们印象最深的是其建立的一个示范地区办事处 (Model District Office，MDO)。在更早的十年之前，作为大型 Claims Modernization Project(一个系统设计和培训计划，旨在"彻底改变 SSA 为公众服务的方式") 的一部分，他们在巴尔的摩 SSA 总部建了一个完整且细节丰富的示范办事处。该 MDO 与典型城镇的典型机构办事处没有区别，从地毯、办公家具和计算机终端，一直到办公室的灯和墙上的照片。他们从美国各地的办事处引进了真正的 SSA 员工，坐在 MDO 中测试和试点新的系统和规程。

　　虽然 MDO 最初的宗旨是开发和完善代理 (agent) 与客户 (client) 进行交互的方式，但当 SSA 准备专注于可用性时，现有的 MDO 成为开发代理与计算机系统的交互方式以及对这些设计进行可用性测试的完美环境。简单地说，这是利用生态有效性 (ecological validity，即 UX 评估环境与用户实际工作环境相匹配的程度) 进行应用程序开发和测试，以及进行用户培训的一个极端且成功的例子。最终，这个小组在社会保障署其他部门的惯性和巨大影响下创造了可用性的成功故事。由于为这个大型且重要的软件应用程序提供了很高的质量和可用性，该小组还曾被授予联邦政府的一个大奖。

　　作为他们对生态有效性和可用性的认真态度的证明，到上世纪 90 年代中后期，SSA 每年都要花 100 万美元引进员工在 MDO 停留和工作，有时一次就是好几个月。他们的成本论证计算证明，这项活动节省了许多倍的费用。

11.5　软件工程中基本用例的根源

　　用例 (use case) 不是用户体验生命周期的工件，而是软件工程和系统工程的工件，用于记录系统的功能需求 (尤其是针对面向对象的开发)。"简单地说，用例描述了一个事件序列；这些事件组合在一起，导致系统做一些有用的事情" (Bittner & Spence, 2003)。它们包括外部角色 (最终用户和外部实体，如数据库服务器或银行授权模块) 以及以及对于外部操作的内部系统响应。

虽然用例可代表用户视图，但它根本上强调的是功能需求而非交互需求。有的时候，用例被认为是一种面向对象的用户建模方法，但它们实际上通常由开发人员和系统分析师创建，而没有来自用户的任何用户研究数据。

用例是形式化的使用场景，是在用户 - 系统交互的上下文中，对"黑盒"(black box) 功能的一种描述 (Constantine & Lockwood, 1999, p. 101)。用例常用作软件需求的一个组成部分。用例强大的软件导向意味着，它们更倾向于软件实现而非用户交互设计。如 Meads(2010) 所述，在用例中，用户属于一种外部对象，而非具有人类需求和局限的人 (person)。基于这个出发点得到的是系统需求，得不到使用或 UX 需求。

用例描述了设想的系统必须支持的主要业务需求、特性和功能。用例"描述了工作角色中的人类或其他实体 (例如机器或其他系统) 在与软件交互时执行的一系列操作" (Pressman, 2009)；"用例有助于确定项目范围并提供项目计划的基础" (Pressman, 2009)。

确定交互设计需求时，需要一种比用例更有效的东西。为此，Constantine(1994a, 1995) 创建了他称为"基本用例"的一个变体。